21世纪普通高校计算机公共课程规划教材

微型计算机系统装配实训教程

刘京锐　王凡　田健仲　李志平　张俊方　编著

清华大学出版社
北京

内容简介

本教材是与《微型计算机系统装配教程》(刘京锐等编著,清华大学出版社出版)相配套的实训操作模块,它按照多媒体微型计算机系统装配的一般流程划分为十个实训项目,以大量图例的直观方式分别介绍了多媒体微型计算机主要组成部件的识别与选配、硬件组装流程、常用 BIOS 参数的设置方法、硬盘的初始化、软件安装过程、对系统的优化设置、系统常见故障的诊断与处理以及常用工具软件的使用等方面的内容。

本教材力求系统化、实用化、合理化,层次分明,条理清楚,步骤详尽,可操作性强,既可以作为各类高等院校"微型计算机组装与维护"课程的实验指导书,也可以作为计算机初学者或 DIY 爱好者的实用参考书。

图书在版编目(CIP)数据

微型计算机系统装配实训教程/刘京锐等编著.—北京:清华大学出版社,2010.6
(21 世纪普通高校计算机公共课程规划教材)
ISBN 978-7-302-22053-4

Ⅰ.①微…　Ⅱ.①刘…　Ⅲ.①微型计算机-组装-高等学校-教材　Ⅳ.①TP360.5

中国版本图书馆 CIP 数据核字(2010)第 026141 号

责任编辑:梁　颖　李玮琪
责任校对:李建庄
责任印制:杨　艳

出版发行:清华大学出版社		地　　　址:北京清华大学学研大厦 A 座	
http://www.tup.com.cn		邮　　　编:100084	
社　总　机:010-62770175		邮　　　购:010-62786544	
投稿与读者服务:010-62776969,c-service@tup.tsinghua.edu.cn			
质　量　反　馈:010-62772015,zhiliang@tup.tsinghua.edu.cn			

印　装　者:北京国马印刷厂
经　　　销:全国新华书店
开　　　本:185×260　印　张:11　字　数:270 千字
版　　　次:2010 年 6 月第 1 版　　印　　　次:2010 年 6 月第 1 次印刷
印　　　数:1~4000
定　　　价:19.50 元

产品编号:035045-01

出 版 说 明

随着我国改革开放的进一步深化,高等教育也得到了快速发展,各地高校紧密结合地方经济建设发展需要,科学运用市场调节机制,加大了使用信息科学等现代科学技术提升、改造传统学科专业的投入力度,通过教育改革合理调整和配置了教育资源,优化了传统学科专业,积极为地方经济建设输送人才,为我国经济社会的快速、健康和可持续发展以及高等教育自身的改革发展做出了巨大贡献。但是,高等教育质量还需要进一步提高以适应经济社会发展的需要,不少高校的专业设置和结构不尽合理,教师队伍整体素质亟待提高,人才培养模式、教学内容和方法需要进一步转变,学生的实践能力和创新精神亟待加强。

教育部一直十分重视高等教育质量工作。2007 年 1 月,教育部下发了《关于实施高等学校本科教学质量与教学改革工程的意见》,计划实施“高等学校本科教学质量与教学改革工程(简称‘质量工程’)”,通过专业结构调整、课程教材建设、实践教学改革、教学团队建设等多项内容,进一步深化高等学校教学改革,提高人才培养的能力和水平,更好地满足经济社会发展对高素质人才的需要。在贯彻和落实教育部“质量工程”的过程中,各地高校发挥师资力量强、办学经验丰富、教学资源充裕等优势,对其特色专业及特色课程(群)加以规划、整理和总结,更新教学内容、改革课程体系,建设了一大批内容新、体系新、方法新、手段新的特色课程。在此基础上,经教育部相关教学指导委员会专家的指导和建议,清华大学出版社在多个领域精选各高校的特色课程,分别规划出版系列教材,以配合“质量工程”的实施,满足各高校教学质量和教学改革的需要。

本系列教材立足于计算机公共课程领域,以公共基础课为主、专业基础课为辅,横向满足高校多层次教学的需要。在规划过程中体现了如下一些基本原则和特点。

(1) 面向多层次、多学科专业,强调计算机在各专业中的应用。教材内容坚持基本理论适度,反映各层次对基本理论和原理的需求,同时加强实践和应用环节。

(2) 反映教学需要,促进教学发展。教材要适应多样化的教学需要,正确把握教学内容和课程体系的改革方向,在选择教材内容和编写体系时注意体现素质教育、创新能力与实践能力的培养,为学生知识、能力、素质协调发展创造条件。

(3) 实施精品战略,突出重点,保证质量。规划教材把重点放在公共基础课和专业基础课的教材建设上;特别注意选择并安排一部分原来基础比较好的优秀教材或讲义修订再版,逐步形成精品教材;提倡并鼓励编写体现教学质量和教学改革成果的教材。

(4) 主张一纲多本,合理配套。基础课和专业基础课教材配套,同一门课程有针对不同层次、面向不同专业的多本具有各自内容特点的教材。处理好教材统一性与多样化,基本教材与辅助教材、教学参考书,文字教材与软件教材的关系,实现教材系列资源配套。

（5）依靠专家，择优选用。在制订教材规划时要依靠各课程专家在调查研究本课程教材建设现状的基础上提出规划选题。在落实主编人选时，要引入竞争机制，通过申报、评审确定主题。书稿完成后要认真实行审稿程序，确保出书质量。

繁荣教材出版事业，提高教材质量的关键是教师。建立一支高水平教材编写梯队才能保证教材的编写质量和建设力度，希望有志于教材建设的教师能够加入到我们的编写队伍中来。

21世纪普通高校计算机公共课程规划教材编委会

联系人：梁颖 liangying@tup. tsinghua. edu. cn

前　言

随着计算机技术的飞速发展,微型计算机的应用领域不断扩大,普及率不断提高,成为现代办公乃至日常生活中不可或缺的实用工具之一,它不仅是工作、学习的有力助手,也逐渐成为家庭必备的电器产品之一。

学习的内容是多方面的,特别是在学习和使用计算机的过程中,不仅需要掌握有关计算机的理论知识,更重要的是需要将所学习的计算机理论应用到实际操作当中去,这样才能理论联系实际,学有所用,用则需学。因此,计算机是一门理论性、实用性和可操作性极强的学科,各个环节之间相互关联,缺一不可。

“微型计算机组装与维护”课程所涉及的内容十分广泛,它面向理论与实践,面向过去与未来,面向社会与市场,既要求掌握微型计算机的基本常识,又需要培养实际动手能力,更需要将理论与实践结合起来,进行微型计算机基本操作和基本技能的训练与提高,以达到全面了解、熟练使用以及日常维护一台微型计算机的学习目的。

本教材就是在上述要求的前提下,在注重理论性、系统性和合理性的基础上,重点突出实用性和可操作性,按照微型计算机系统装配的一般流程,采取循序渐进的教学方法,采用大量图例的直观方式,从微型计算机各个主要组成部件的外观特征识别入手,到各种组件的硬件组装以及系统软件的安装和参数配置,再到系统常见故障的诊断与处理以及常用工具软件的使用,分阶段、分步骤、有重点地详尽介绍了典型多媒体微型计算机的配置、组装、安装、调试、设置、优化和维护的全过程。

本教材是与《微型计算机系统装配教程》(刘京锐等编著,清华大学出版社出版)相配套的实训操作模块,主要涵盖了多媒体微型计算机组件的识别与选配方法,微型计算机硬件组装流程,常用 BIOS 参数的含义、作用和正确设置,硬盘初始化的基本方法及其操作流程,Windows 操作系统、设备驱动程序和常用应用软件的安装与调试过程,系统测试和系统优化的方法,微型计算机系统常见故障的种类、现象、诊断与排除的实用方法以及常用工具软件的使用等方面的实训内容。

本教材从微型计算机整体结构出发,将整个实训操作过程分为十个实训项目。其中,实训项目一是识别微型计算机组件(由李志平编写),实训项目二是微型计算机硬件组装流程(由李志平编写),实训项目三是 BIOS 参数设置(由刘京锐编写),实训项目四是硬盘初始化(由刘京锐编写),实训项目五是安装操作系统(由王凡编写),实训项目六是安装设备驱动程序(由王凡编写),实训项目七是安装应用软件(由王凡编写),实训项目八是系统优化(由田健仲编写),实训项目九是系统常见故障的诊断与处理(由田健仲编写),实训项目十是常用工具软件的使用(由王凡编写),其他内容的编写和校对工作由张俊方负责完成。每个实训项目又分别包括实训目的、实训要求以及实训内容和参考步骤几个部分,并在实训内容和参考步骤中穿插了许多实际操作中应当引以注意的问题。这十项实训内容既可以根据课程进度单独设置，也可以统筹实施，既有利于实验教师的临场指导，也有助于学生或读者的自习参考。

由于条件和时间所限、面向对象不同以及工作环境和实际经验各异，教材中难免存在内容不妥、遗漏或需要改进之处，恳请广大读者和师生给予批评指正。

编　者

2010 年 5 月

目　录

实训项目一 | 识别微型计算机组件

【实训目的】

根据多媒体微型计算机硬件系统的基本构成,能够正确识别与区分各种常见的构成微型计算机主机的组成部件(简称组件)以及各种常用的外部设备,掌握这些组件和设备的基本功能、主要特点、接口类型以及相关的技术指标,为微型计算机的硬件组装及各种组件与各种设备之间的相互连接奠定基础。

【实训要求】

(1) 了解多媒体微型计算机硬件系统的基本构成。
(2) 识别微型计算机主机的基本组件。
(3) 识别常用的微型计算机外部设备及其接口方式。
(4) 掌握微型计算机各个基本组件的主要特点及其技术指标。
(5) 在组件识别的基础上填写实验机型的硬件配置清单。

【实训内容和参考步骤】

步骤1 了解多媒体微型计算机硬件系统的基本组成。

多媒体微型计算机硬件系统的基本组成情况如图 1-1 所示。

微型计算机从主机的外观和结构形式上可以分为卧式和立式两大类别,目前主流机型大都采用立式主机。这两种结构形式的微型计算机外观及其基本构成情况如图 1-2 所示。

步骤2 识别主机的基本组件。

1) 主机箱

主机箱有卧式与立式、AT 与 ATX 等类别之分,同类机箱又分为大、中、小、微型、标准和超薄等规格。目前组装兼容机所使用的机箱以 ATX 标准立式机箱为主。

ATX 机箱主要由箱体、控制面板(即机箱前面板)、驱动器安装支架(或活动托架)、配套电源和其他一些配件组成。ATX 立式机箱的外观及其控制面板如图 1-3 所示,机箱后部结构和安装驱动器的活动托架如图 1-4 所示。

2) 主机电源

主机电源相应于机箱也有 AT 和 ATX 之分,它通常与机箱一起配套使用、安装和销售。目前市场上销售的绝大多数电源都属于 ATX 电源,其规格和接口类型大同小异,只是不同类型的 ATX 主板所要求的电源规范略有差异而已。

```
                            ┌ 主机箱、电源
                            │ 主板
                            │ CPU 芯片及其散热器
                            │ 内存条
                            │           ┌ 键盘
                            │ 输入设备 ┤ 鼠标
                            │           └ 扫描仪等
                            │           ┌ 显示卡
                            │ 输出设备 ┤ 显示器
多媒体微型计算机硬件系统组成 ┤           └ 打印机等
                            │           ┌ 硬盘驱动器
                            │ 外存设备 ┤ 光盘驱动器和光盘
                            │           └ 移动式存储器和各种存储介质
                            │           ┌ 网卡
                            │ 网络设备 ┤ 调制解调器
                            │           └ 交换机、路由器、网线等
                            │           ┌ 声卡
                            │           │ 音箱
                            └ 多媒体设备┤ 采集卡、压缩卡、电视卡
                                        └ 麦克风、摄/录像机、电视机、音响等
```

图 1-1　多媒体微型计算机硬件系统基本组成

图 1-2　卧式和立式微型计算机基本构成

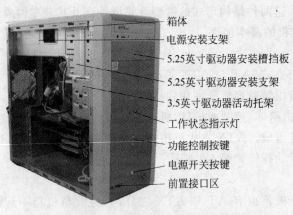

箱体
电源安装支架
5.25英寸驱动器安装槽挡板
5.25英寸驱动器安装支架
3.5英寸驱动器活动托架
工作状态指示灯
功能控制按键
电源开关按键
前置接口区

图 1-3　ATX立式机箱及其控制面板基本结构

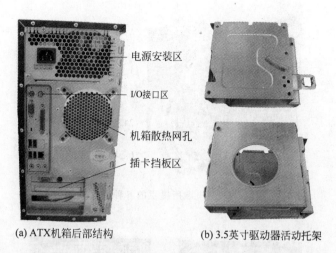

(a) ATX机箱后部结构	(b) 3.5英寸驱动器活动托架

图1-4 ATX机箱后部结构和驱动器活动托架

针对ATX电源,除了需要根据整机情况考虑合适的电源输出功率和电源规范以外,还需要结合所供电的各种组件来正确区分并选用各种供电连接器(即俗称的供电插头)。

ATX电源外观及其所提供的各种供电插头如图1-5所示。

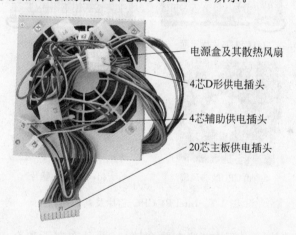

图1-5 ATX电源及其供电插头

ATX电源一般提供1个双排20芯、24芯或20+4芯的主板供电插头,3个或更多的为硬盘或光驱等设备供电的单排4芯D形插头。

注意:Pentium 4(简称P4)电源还专门为P4 CPU增加了一组4芯和6芯的辅助供电插头,并且专门为SATA设备提供了一组15芯的供电插头,如图1-6所示。

3) CPU芯片及其散热器

CPU是微型计算机的核心部件,代表着微型计算机的档次。在微型计算机的各种组件中,CPU的型号和种类最为繁多,在选择时需要特别留意。同时,CPU的安装过程相对较复杂,其管脚也较为脆弱,在安装时必须小心。

Intel P4 CPU芯片及其散热器的外观如图1-7所示。

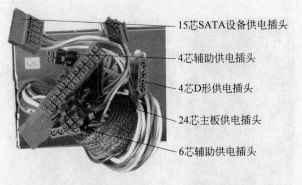

图1-6 P4电源所提供的各种供电插头

15芯SATA设备供电插头

4芯辅助供电插头

4芯D形供电插头

24芯主板供电插头

6芯辅助供电插头

(a) CPU芯片标示面   (b) CPU芯片触脚面

(c) CPU散热风扇   (d) CPU散热鳍片

图1-7 Intel P4 CPU 芯片及其散热器

注意：在 CPU 芯片标示面的左侧有两个缺口，并且在左下角有一个金三角标记（触脚面与之相对应），这是 CPU 芯片在 CPU 插座上安装时指示放置方向的标志。

4）主板

主板必须与机箱和电源配套使用，它用于连接微型计算机的所有组件，因此是微型计算机系统中决定整机性能的关键组件。ATX 主板的外观如图 1-8 所示。

5）内存条

DDR、DDR2 和 DDR3 这 3 种常见类型的内存条外观如图 1-9 所示。

注意：不同线数的内存条一般不能混合使用（线数是指内存条两面的金手指数或引脚数）；在内存条的金手指处，通常拥有一个位置不同的缺口（也称凹槽），用来标示在内存插槽中安插内存条时的方向；不同类型的内存条，其线数通常各不相同，即使线数相同，由于凹槽位置和引脚定义不同，这种内存条也不能与其他内存插槽相兼容。

图 1-8　ATX 主板外观

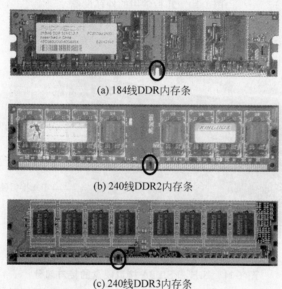

(a) 184线DDR内存条

(b) 240线DDR2内存条

(c) 240线DDR3内存条

图 1-9　3 种常见类型的内存条

步骤 3　识别常用的外部设备。

1) 外存设备

常用的外存设备主要有硬盘和光驱等，分别如图 1-10(a)～(d)所示。

硬盘和光驱的接口部分相对较为复杂，而且分为 IDE(PATA) 和 SATA 两种接口类型。IDE 接口与 SATA 接口的硬盘和光驱的接口部分分别如图 1-11 和图 1-12 所示。

2) 显示卡

显示卡大致可以分为主板集成型和独立插卡式两大类别。由于目前集成显卡的性价比相对较高，能够很好地满足显示数据处理速度和普通视觉的要求，因此在注重购机成本或对显示效果没有过高要求的情况下，可以直接选用主板集成型显卡。但要想获得较快的显示速度、较佳的显示效果或较好的视觉感受，则最好另行配置一块性能更加优异的独立显卡。

(a) IDE接口硬盘　　　　　　(b) SATA接口硬盘

(c) IDE接口光驱　　　　　　(d) SATA接口光驱

图 1-10　几种常用的外存设备

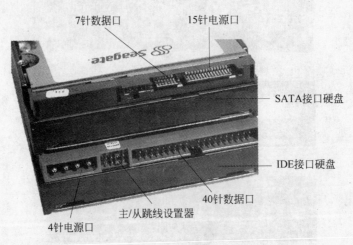

图 1-11　IDE 和 SATA 接口硬盘的接口部分

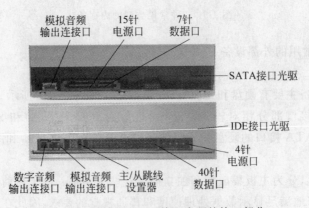

图 1-12　IDE 和 SATA 接口光驱的接口部分

独立显卡通常以显卡接口部分作为识别标准和选用依据。独立显卡的接口部分又分为与主板插槽相插接的总线接口部分和与显示器相连接的 I/O 接口部分(独立式插卡一般均拥有这两部分接口)。显卡的总线接口又分为 ISA、PCI、AGP 和 PCI-E 等类型,前两种接口的显卡早已被市场所淘汰,稍早一些的微型计算机上还能见到 AGP 接口的显卡,目前主流显卡均采用 PCI-E 接口。显卡的 I/O 接口又分为 VGA 和 DVI(进一步分为 DVI-D 和 DVI-I)等类型,有些显卡还带有 S-Video(即 S 端子),主要用来连接各种显示设备。目前显卡上配置的 I/O 接口主要是 VGA 和 DVI-I 类型的插座。

AGP 和 PCI-E 接口显卡如图 1-13 所示,显卡的 I/O 接口部分如图 1-14 所示。

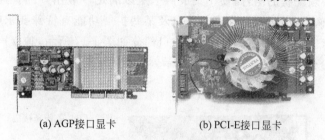

(a) AGP接口显卡   (b) PCI-E接口显卡

图 1-13　AGP 和 PCI-E 接口显卡

S-Video　　　DVI-I　　　　VGA

图 1-14　显卡的 I/O 接口

3)　显示器

显示器是微型计算机的基本配置之一,是需要与显卡匹配使用的标准输出设备。目前常用的显示器主要有 LCD 和 CRT 显示器,其外观如图 1-15 所示。

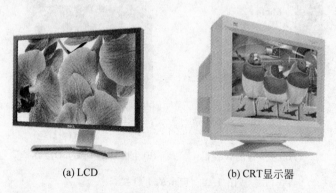

(a) LCD   (b) CRT显示器

图 1-15　LCD 和 CRT 显示器

对应于显卡的视频信号输出接口,显示器上所配置的显卡接口连接器可以分为 VGA、DVI-I 和 DVI-D 三种类型,如图 1-16 所示,目前以前两种为主。

4)　声卡和音箱

声卡可以分为主板集成型和独立插卡式两大类别。声卡虽然是多媒体微型计算机的标

(a) VGA连接器　　　(b) DVI-I连接器　　　(c) DVI-D连接器

图 1-16　显示器上配置的显卡接口连接器

志性组件,但由于目前绝大多数主板上集成的声卡的品质和性能俱佳,因此独立声卡不是微型计算机硬件中必须配备的组件,使用集成声卡足以满足一般用户的普通听觉要求。只有在对录制、处理或输出音频数据、声音效果以及某些扩展功能有特殊要求时,才需要另行配置一块专业型声卡。独立声卡的外观及其接口部分如图 1-17 所示,独立声卡和主板集成声卡的 I/O 接口部分分别如图 1-18(a)、(b)所示。

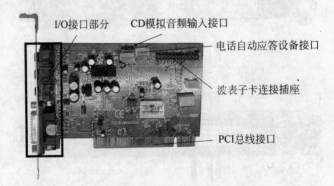

图 1-17　PCI 独立声卡的接口部分

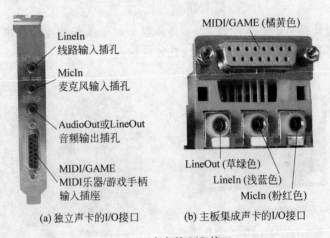

(a) 独立声卡的I/O接口　　　(b) 主板集成声卡的I/O接口

图 1-18　声卡的 I/O 接口

注意:不同种类声卡的 I/O 接口上的插孔数目和排列次序可能有所不同,应按照图形印记或颜色标示来正确识别与插接;在声卡的各种 I/O 接口中,最经常使用的接口是草绿色的音频输出(AudioOut 或 LineOut)插孔,它可以用来连接外置音箱或耳机。

由于高品质的音频输出必须配合使用高保真的音箱才能完美实现,因此,与声卡配合使用的外置音箱现已成为多媒体微型计算机必备的标准配置之一。几种常见类型的外置音箱如图 1-19 所示，目前家用音箱的类型和箱体数目主要以 2.1 型多媒体音箱为主。

(a) 2.0 型音箱　　　　(b) 2.1 型音箱　　　　(c) 5.1 型音箱

图 1-19　几种类型的外置音箱

5）键盘

键盘是微型计算机基本配置中的标准输入设备，可以根据按键个数、接口类型、按键手感和特色设计以及个人喜好等方面来选用。

目前常用的微型计算机键盘主要有 USB 和 PS/2 等接口类型，分别如图 1-20(a) 和 (b) 所示。

(a) USB 接口键盘　　　　　　　　(b) PS/2 接口键盘

图 1-20　USB 和 PS/2 接口键盘

6）鼠标

鼠标虽然不是微型计算机基本配置中的必备组件，但由于它具有强大的辅助输入功能和对 Windows 界面操作灵活方便的巨大优势，现已成为与键盘并驾齐驱而且捆绑销售的标准输入设备之一。目前使用得最为普遍的鼠标是 PS/2 或 USB 接口的光学式或激光式有线鼠标，分别如图 1-21(a) 和 (b) 所示。

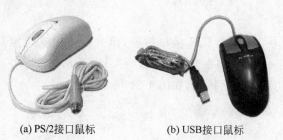

(a) PS/2 接口鼠标　　　　　　(b) USB 接口鼠标

图 1-21　PS/2 和 USB 接口鼠标

注意：在主板集成的 I/O 接口中，有两个外观形状和针孔数完全相同的 PS/2 接口，PS/2 键盘接口通常标示为紫色，而 PS/2 鼠标接口则标示为绿色。

7）打印机

打印机是可选的微型计算机外部设备中较为常用的输出设备，主要有击打式的针式打印机以及非击打式的喷墨打印机和激光打印机这 3 种类型，分别如图 1-22(a)～(c) 所示。

注意：打印机的接口类型主要有并行口和 USB 接口等，目前以 USB 接口打印机为主。

识别微型计算机组件

(a) 针式打印机　　　　(b) 喷墨打印机　　　　(c) 激光打印机

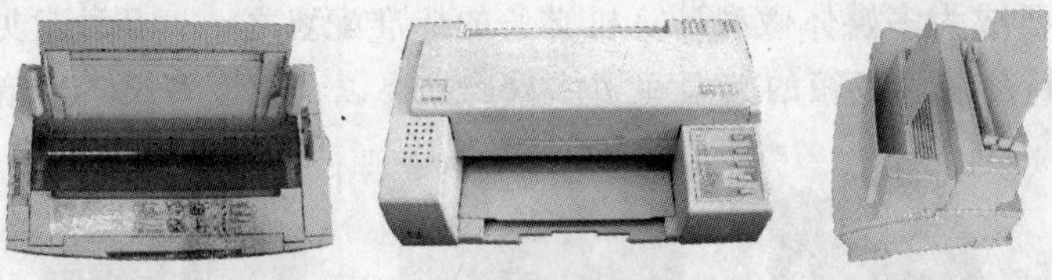

图 1-22　3 种类型的打印机

8）网卡和调制解调器（Modem）

网卡是构建和连接计算机网络时必需配备的微型计算机组件，分为主板集成型和独立插卡式两大类别。独立式网卡的外观如图 1-23(a)所示。

早期利用电话线路实现网络通信时所使用的语音模拟式 Modem 可以分为内置式和外置式两种类型，分别如图 1-23(b)和图 1-23(c)所示。现在已逐步升级为数字式 ADSL Modem（必须与网卡配合使用），如图 1-23(d)所示。

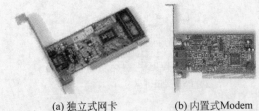

(a) 独立式网卡　　　(b) 内置式Modem　　　(c) 外置式Modem　　　(d) 外置式ADSL Modem

图 1-23　网卡和 Modem

步骤 4　识别各种连接线。

在机箱内部的各种组件之间以及主机与外设之间，经常需要使用一些专门的连接线，这些连接线是否连接正确将直接影响到微型计算机系统能否正常工作。常用的连接线分为数据信号传输线、电源线和转接线等类别。

1）硬盘/光驱连接线

主板上虽然只提供 40 针的 IDE 接口插座，但数据传输模式为 Ultra DMA/33 的 IDE 接口硬盘或光驱使用 40 芯的扁平数据排线，而 Ultra DMA/66/100/133 的 IDE 接口硬盘或光驱则使用 80 芯的扁平数据排线，如图 1-24 所示。

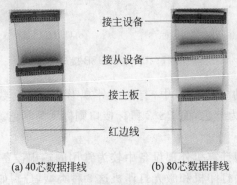

接主设备
接从设备
接主板
红边线

(a) 40芯数据排线　　　(b) 80芯数据排线

图 1-24　IDE 接口设备扁平数据排线

注意：①在这两种标准的 IDE 接口设备扁平数据排线上，均拥有规格完全相同但颜色标示可能不同的 3 个连接插头；②40 芯数据排线上的 3 个插头虽然没有特定的主/从限制，但习惯上将距离较长的一端插头连接主板 IDE 接口插座，中间的一个插头连接主设备（如硬盘），另一端剩下的一个插头连接从设备（如光驱或第二硬盘）或空闲不用；③80 芯数据排线上的 3 个插头具有颜色标示，蓝色的接主板，黑色的接主设备，灰色的接从设备；④在这两种数据排线上，均带有 1 根用来标示插接方向的红边线，即在连接主板 IDE 接口插座及连接硬盘或光驱的数据口时，红边线要对准插座 1 号针脚（俗称"红线对 1 脚"）。

目前主流的 SATA 接口设备则使用 7 芯的细长数据线和 15 芯的专用电源线（也可以利用转接线将 4 芯电源转接成 15 芯），如图 1-25 所示。

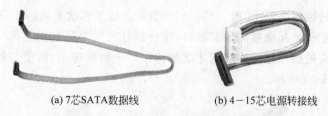

(a) 7芯SATA数据线　　　　　　(b) 4－15芯电源转接线

图 1-25　SATA 接口设备连接线

注意：SATA 数据线上的插头呈具有方向性的"L"形，因此在与 SATA 接口插座相连接时不会插反；一根 SATA 数据线只拥有 2 个插头，使主板上的一个 SATA 接口可以一一对应于一台 SATA 接口设备，而且在连接时没有主/从设备之分。

2）网线和电话线

要想利用电话线路实现上网功能，除了需要配备网卡和安装 ADSL Modem 以外，网线和电话线也是必不可少的，如图 1-26 所示。

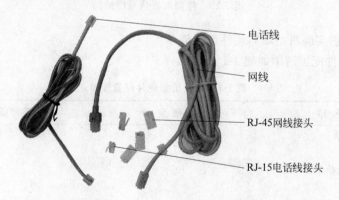

电话线

网线

RJ-45网线接头

RJ-15电话线接头

图 1-26　网线和电话线及其接线插头

3）主机电源线和音频连接线

主机电源线如图 1-27 所示，其作用是将 110V 或 220V 的外接市电电压引入主机电源，再由主机电源转换成各种额定的电压输出，供给微型计算机的各个用电部件使用。

音频连接线如图 1-28 所示，它用于将声卡上或主板上的 CD_IN（音频信号输入）接口与光驱上的 Audio_Out（模拟音频信号输出）接口相互连接，其目的是让放入光驱的 CD 唱盘上的音乐可以从外置音箱上直接播放出来。如果不使用外置音箱听音乐，这根线也可以不

实训项目一

识别微型计算机组件

连接。

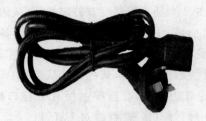

图 1-27　主机电源线

图 1-28　音频连接线

4）控制面板信号线

在机箱前部的控制面板上，有一些控制和表示主机工作状态的功能控制按键和指示灯，此外还有一些方便于外部插接的前置接口，这些部件都需要通过机箱内侧附带的信号线插脚与主板上相对应的插针相互连接后才能起作用。一般情况下，需要与控制面板相连接的信号线插脚如图 1-29 所示。

(a) 按键和指示灯信号线插脚　　　　(b) 前置接口信号线插脚

图 1-29　控制面板信号线插脚

步骤 5　依据实验机型填写硬件配置清单。

实验机型硬件配置清单如表 1-1 所示。

表 1-1　实验机型硬件配置清单

组件名称	规格型号	主要特征和识别方法
主机箱、电源		
主板		
CPU 及其散热器		
内存条		
显示卡		
显示器		
键盘、鼠标		
硬盘		
光驱		
声卡、音箱		
网卡、调制解调器		
其他组件或设备		

实训项目二　微型计算机硬件组装流程

【实训目的】

利用一些装机工具,按照微型计算机硬件组装的合理流程和操作规范,将各种微型计算机组件有机地组合安装在一起构成一台微型计算机。

【实训要求】

(1) 合理选用可能用到的装机工具,正确配备微型计算机的各种组件。

(2) 掌握微型计算机主机的硬件组装流程中的合理步骤、安装方法和操作规范。

(3) 掌握主机与外部设备之间的连接方法及其注意事项。

(4) 依据一台微型计算机的组装操作流程,总结装机过程中应当注意的问题并解释问题原因及其解决方案。

【实训内容和参考步骤】

本实训以 Pentium 4 微型计算机为例,介绍硬件组装的一般流程。

步骤 1　组装前的准备工作。

在进行微型计算机硬件组装之前,需要先做一些必要的准备工作:

① 准备好可能用到的装机工具,如图 2-1 所示。

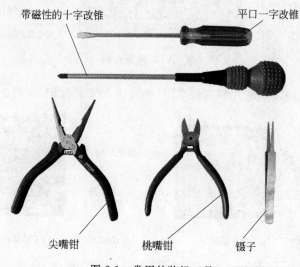

图 2-1　常用的装机工具

② 将各种微型计算机组件井然有序地排放整齐。

③ 为安装主板上的组件准备一些绝缘的衬垫物品,如泡沫塑料、海绵垫、纸板等。

④ 释放掉手上可能带有的静电,如戴上手套或触摸一下接地的金属管。

⑤ 为了不妨碍其他组件的安装和连接,可以先将主机电源和驱动器活动托架卸下,从机箱内拿出,搁置一旁备用。

⑥ 将可能用到的螺丝、螺母、螺丝柱、垫圈、线卡、挡板、安装导轨以及导热硅脂等物品分类摆放,以便随时取用。

步骤 2 在机箱底板上安装螺丝柱,以便于固定主板,如图 2-2 所示。

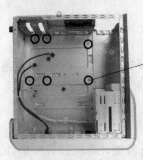

① 将已开启侧盖板并卸下电源和托架的ATX立式空机箱横卧,控制面板一侧朝向自己。

② 将主板摆正方向后虚置于机箱底板上,观察主板螺孔所对应的底板螺孔并做好标记。

③ 取出主板,在做好标记的底板螺孔上安装并拧紧螺丝柱(一般采用6钉方式)。

图 2-2 在机箱底板上安装螺丝柱

步骤 3 主板下垫绝缘物,平放在桌面上,观察并识记主板上各个组成部件的名称和位置,如图 2-3 所示。

前置接口插针　　I/O接口
PCI扩展槽　　P4电源插座
AGP显卡插槽　　CPU散热风扇电源插座
EIDE接口插座　　CPU插座
SATA接口插座　　DIMM内存插槽
控制面板插针　　主板电源插座

图 2-3 ATX 主板布局

步骤 4 分别查看 CPU 芯片和主板 CPU 插座上的安装标记,如图 2-4 所示。

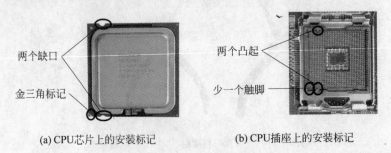

两个缺口　　两个凸起
金三角标记　　少一个触脚

(a) CPU芯片上的安装标记　　(b) CPU插座上的安装标记

图 2-4 CPU 芯片及其插座上的安装标记

步骤 5　在主板上安装 CPU 芯片及其散热器,如图 2-5 所示。

① 将CPU插座旁的锁扣扳柄向外拨出并向上抬起。

② 揭开CPU插座上的金属顶盖。

③ 将CPU芯片上的金三角标记对准插座缺脚处,平稳地将CPU芯片放置到插座中。

④ 闭合插座顶盖。
⑤ 压下锁扣扳柄并卡紧在插座旁的卡齿上。

⑥ 在CPU背壳表面均匀地涂抹少许导热硅脂,将散热器平放在CPU芯片上(四角上的螺丝要对准主板上的螺孔),拧紧各个螺丝柱。

⑦ 将CPU散热风扇电源插头插接到CPU插座旁的供电插座上。

图 2-5　在主板上安装 CPU 芯片及其散热器

步骤 6　在主板上的 DIMM 内存插槽中安装内存条,如图 2-6 所示。
步骤 7　在主板的数据接口插座上插接外存设备数据线。
主板上提供的 EIDE 插座(用来连接 IDE 接口的硬盘和光驱)如图 2-7 所示,在主板上插接数据线的过程如图 2-8 所示。
步骤 8　在机箱底板上安装并固定主板,如图 2-9 所示。
注意:在安装主板之前,要先检查主板底部与机箱底板的预留缝隙之间不能留有异物。

16

① 先将内存插槽两端的卡齿向外扳开,然后将内存条垂直放入插槽中(注意:内存条金手指上的凹槽要对准插槽上的隔断凸起)。

② 两手拇指用力下压内存条顶部两端,直至插槽两端的卡齿自动弹起并扣入内存条两端的缺口为止(注意:凸起应埋没在凹槽中)。

图 2-6　在主板上安装内存条

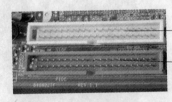

——40针黑/白色SIDE(从)插座

——40针彩色PIDE(主)插座

图 2-7　主板上的 IDE 数据接口插座

① 将第一条40芯或80芯扁平数据排线插接到彩色的PIDE插座上。

② 将第二条40芯或80芯扁平数据排线插接到黑/白色的SIDE插座上。

图 2-8　在主板上插接数据排线

① 将主板I/O接口区朝外、元件面朝上,平端起主板。
② 将主板上的I/O接口对准机箱后部的接口预留孔。
③ 将主板上的安装螺孔对准机箱底板上安装的螺丝柱。
④ 平放下主板并拧紧相应的各个固定螺丝。

图 2-9　在机箱内安装并固定主板

步骤 9　在主板上插接控制面板与主板对应插针的连接线,如图 2-10 所示;在主板上插接主板和 P4 CPU 的供电电源线,分别如图 2-11(a)和(b)所示。

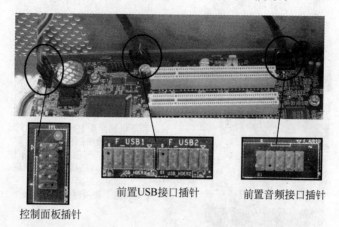

控制面板插针　　　前置USB接口插针　　　前置音频接口插针

图 2-10　在主板上插接控制面板连接线

(a) 插接主板供电电源线

(b) 插接CPU供电电源线

图 2-11　在主板上插接主板和 CPU 供电电源线

注意:在连接控制面板连接线时,应当先对照主板说明书或主板插针旁的文字印记找到相应的主板插针,然后找出带有相同文字印记的插脚,确认插脚的插接方向后再插接。

步骤 10　在机箱内安装并固定各种外存设备,如图 2-12 所示。

① 在3.5英寸驱动器活动托架上安装硬盘驱动器(注意:标签面朝外),并在两侧用螺丝固定。

② 将活动托架从机箱内侧顺沿安装槽导轨插入机箱的驱动器安装区(注意:硬盘的接口端应朝向机箱内侧)。

图 2-12　安装并固定各种外存设备

③ 拧紧活动托架上的固定螺丝。

④ 卸下机箱面板上相应位置的5.25
英寸驱动器安装槽挡板。
⑤ 将光驱从机箱前部推入安装槽(注
意：光驱的接口端应朝向机箱内侧，
安装后光驱的标签面朝上)。
⑥ 拧紧光驱支架两侧的固定螺丝。

硬盘和光驱安装并固定完成后的
情形。

图 2-12 （续）

步骤 11 安装并固定主机电源，如图 2-13 所示。

① 将电源的标签面朝上，放置
到电源安装槽中。

② 从机箱后部拧紧电源四角上的
固定螺丝。

图 2-13 安装并固定主机电源

步骤 12 插接各种驱动器的连接线，如图 2-14 所示。

注意：数据线上的红边线要对准数据口 1 脚；在用同一条数据线连接 IDE 接口的硬盘
和光驱时(或连接多台 IDE 接口的硬盘时)，必须要先对 IDE 接口设备设置主/从设备跳线。

步骤 13 在主板上安装并固定独立显卡，如图 2-15 所示。

步骤 14 整理并捆扎机箱内部各种连接线，如图 2-16 所示，然后扣上机箱侧盖板。

至此，主机内部各种组件的安装与连接完毕，接下来将进行外部设备信号线的插接。

(a) 插接驱动器数据线　　　　　(b) 插接驱动器电源线

① 将PIDE数据线上的主插头插入到硬盘数据口中。

② 将SIDE数据线上的主或从插头(或PIDE数据线上的从插头)插入到光驱数据口中。

③ 将音频连接线一端插头插入光驱的Audio_Out接口，另一端插头连接到声卡或主板上的CD_IN插座上。

④ 分别将主机电源上带有的4芯D形供电插头插入到硬盘和光驱的电源口中。

图 2-14　插接驱动器连接线

① 从机箱内部卸下与AGP插槽相对应的插卡挡板。

② 显卡I/O接口区对准挡板空留区，显卡总线接口对准AGP插槽，将显卡垂直放置在AGP插槽上。

③ 两手拇指用力下压显卡顶部两端，直至金手指部分完全没入插槽中为止。

④ 拧紧显卡I/O接口挡板上的固定螺丝。

图 2-15　安装并固定 AGP 独立显卡

① 将机箱内部的各种连接线分别按顺序整理整齐。

② 用线卡或皮筋分别进行捆扎。

③ 检查机箱内部的各种组件是否安装牢靠、连线是否连接正确，最后扣上机箱侧盖板。

图 2-16　整理并捆扎各种连接线

步骤 15　分别连接键盘和鼠标信号线，如图 2-17 所示。

步骤 16　分别连接显示器和其他设备信号线，如图 2-18 所示。

微型计算机硬件组装流程

(a) PS/2接口键盘信号线　　　(b) USB接口鼠标信号线

图 2-17　连接 PS/2 接口(紫色)键盘和 USB 接口鼠标信号线

(a) 显示器VGA连接器　　　(b) RJ-45网线

图 2-18　连接显示器和网卡信号线

步骤 17　连接主机电源线,如图 2-19 所示。

主机后部插接完毕的连线情况如图 2-20 所示。

图 2-19　连接主机电源线　　　　图 2-20　插接完毕的主机后部连线

步骤 18　最后检查各种连线无误后,进行系统的通电测试。

注意:如果系统在加电后机器自检能够正常通过,则说明系统硬件安装与连接成功。否则,应当立即彻底断电(拔下市电插座上的主机电源插头),然后根据故障现象(自检时听到的报警声响或看到的屏幕提示出错信息)来诊断并排除故障源。

至此,微型计算机硬件组装流程介绍完毕,接下来进行 BIOS 系统配置参数的设置。

实训项目三　　　BIOS 参数设置

【实训目的】

根据主板上 BIOS 系统提供的 BIOS Setup 程序,熟悉 BIOS 系统配置参数设置界面的基本用法,了解各个可选项及其主要参数的含义、作用和实际用途,熟练操作、重点掌握并能够灵活运用指定的若干个常用 CMOS 参数的设置方法。

【实训要求】

(1) 掌握 BIOS Setup 程序的调用和退出方法。

(2) 熟练操作 CMOS 参数设置界面,掌握各个菜单选项的含义和作用。

(3) 掌握常用的 CMOS 参数依据不同用途的设置方法。

(4) 重点掌握"设备引导顺序"、"保存退出"、"不保存退出"、"系统日期和时间"、"驱动器规格参数"、"口令设置"及"检查口令的级别"等选项及其参数的具体用法。

(5) 总结 CMOS 参数设置过程中遇到的问题,并列出解决方案。

【实训内容和参考步骤】

本实训以 AWARD BIOS Setup 程序为例,介绍常用的 CMOS 参数的设置方法。

步骤 1　进入 CMOS 参数设置界面。

① 开机启动或重新启动计算机。

② 当屏幕底部出现如图 3-1 所示的提示信息时,按几下 Del 键,即可进入如图 3-2 所示的 CMOS 参数设置界面。

Press DEL to enter SETUP

图 3-1　屏幕底部显示的提示信息

步骤 2　熟悉 CMOS 参数设置界面的组成及其基本用法。

CMOS 参数设置界面主要由以下 4 部分组成。

(1) 标题栏:主要用来显示当前操作的设置界面的标题名称。

(2) 菜单选项栏:分左右两栏分别列出主菜单上的 12 个可选项,其说明如表 3-1 所示。

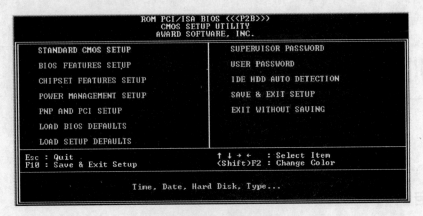

图 3-2　CMOS 参数设置界面

表 3-1　CMOS 参数设置界面菜单选项说明

选 项 序 号	菜单选项名称	中 文 含 义
1	STANDARD CMOS SETUP	标准 CMOS 设置
2	BIOS FEATURES SETUP	BIOS 特性设置
3	CHIPSET FEATURES SETUP	芯片组特性设置
4	POWER MANAGEMENT SETUP	电源管理设置
5	PNP AND PCI SETUP	PNP 和 PCI 设置
6	LOAD BIOS DEFAULTS	载入 BIOS 默认参数
7	LOAD SETUP DEFAULTS	载入 SETUP 默认参数
8	SUPERVISOR PASSWORD	管理员口令
9	USER PASSWORD	用户口令
10	IDE HDD AUTO DETECTION	IDE 硬盘自动检测
11	SAVE & EXIT SETUP	保存并退出设置
12	EXIT WITHOUT SAVING	不保存并退出设置

（3）按键操作说明栏：如何对菜单选项进行操作的按键指导说明，如表 3-2 所示。

表 3-2　CMOS 参数设置界面中常用按键说明

按　　键	功 能 说 明	按　　　键	功 能 说 明
↑、↓、←、→	分别向上、下、左、右移动光标	F10	保存当前设置并退出 CMOS
PgUp、PgDn	修改选项参数		参数设置界面
Enter	确认或进入下屏界面	F1	调出帮助信息
Esc	取消当前操作或退出		

（4）状态栏：显示当前选项的简要设置内容说明。

步骤 3　掌握"标准 CMOS 设置"选项中主要参数的功能作用。

"标准 CMOS 设置"界面如图 3-3 所示，主要选项及其参数说明如下。

（1）Date：系统日期。该选项共有 3 个设置参数，采用"月：日：年"的表示形式。该选项通常不需要每次修改，只有在首次进入 BIOS 设置或 CMOS 参数意外丢失时才需要设置。

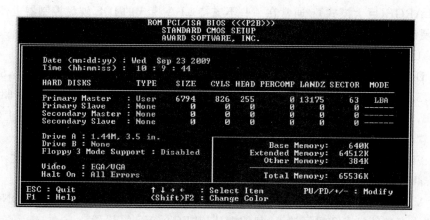

图 3-3 "标准 CMOS 设置"界面

(2) Time：系统时间。采用"时：分：秒"的表示形式，其他说明与"Date"相似。

(3) HARD DISKS：硬盘参数。该选项的各个参数一般由系统自动填写，或通过调用主菜单的"IDE 硬盘自动检测"功能来填写，只有在系统无法正确识别硬盘参数的情况下才需要手工设置。该选项分为 Primary Master（PIDE 主）、Primary Slave（PIDE 从）、Secondary Master（SIDE 主）和 Secondary Slave（SIDE 从）四个选项，每个选项又分别对应包含了以下一些设置项目。

① TYPE（类别）：包含 Auto（自动检测配置）、User（用户手工填充）、None（无设备连接）等参数。针对目前绝大多数可以自动检测出参数的硬盘，一般选择 Auto 方式。

② SIZE（硬盘容量大小）：系统自动检测到的或根据 C（CYLS）/H（HEAD）/S（SECTOR）参数设置自动计算出来的当前硬盘容量大小。该选项不能手工设置，由系统自动填充。

③ CYLS（磁柱数）：由于硬盘可能是由多张规格相同的硬盘片组成的盘片组，因此，每张盘片上半径相同的同心圆磁道就构成一个磁柱，磁柱数就是每面盘片上所拥有的磁道数。

④ HEAD（逻辑磁头数）：系统根据硬盘的工作模式自动确定。

⑤ PERCOMP（写预补偿）：由于靠近硬盘中心的内圈磁道上的数据记录密度较大，因此在硬盘驱动器中设计了一个专门的补偿电路，当往内圈磁道写入数据时，适当加大写电流来进行补偿，以避免记录的数据出错。该选项不需设置，由系统自动填充。

⑥ LANDZ（磁头着陆区）：指硬盘断电时所有磁头自动停靠的磁柱位置。该位置应当远离记录着硬盘重要信息的最外圈 00 磁道，以避免硬盘再次加电启动时磁头划伤盘片的 00 磁道而使硬盘不能正常工作。一般将该选项设置为最大磁柱数，即最内圈磁道号。

⑦ SECTOR（扇区数）：硬盘上的数据是以每条磁道上进一步划分的小弧段——扇区为基本单位存放的，每个扇区的容量大小为 512B，所有磁道具有相同的扇区数。

⑧ MODE（硬盘工作方式）：包含以下 4 个可选参数，通常设置为 LBA 或 AUTO 模式。

- NORMAL（普通模式）：IDE 硬盘的原始工作模式。CMOS 参数使用实际的硬盘物理参数，只能访问到最大 1024 个磁柱的空间，可用硬盘的最大容量为 504MB。

- LBA（逻辑块寻址模式）：IDE 硬盘控制器的 BIOS 系统采用逻辑地址与物理地址相映射的技术，用逻辑参数来代替真正的物理参数，这样可以支持大容量的硬盘。

- LARGE(巨大模式)：通常在一些不支持 LBA 模式的 IDE 硬盘控制器上使用，可用硬盘的最大容量为 1GB。

- AUTO(自动模式)：自动检测硬盘参数并设定工作方式。

(4) Drive A 和 Drive B：软驱 A 和软驱 B。可选参数包括"None"、"360KB,5.25in."、"1.2MB,5.25in."、"720KB,3.5in."、"1.44MB,3.5in."(目前可能使用的软驱类型)和"2.88MB,3.5in."等。对该选项设置的类型和规格，必须与主板 FLOPPY 插座上实际插接的 34 芯软驱数据排线插头上连接的软驱的类型和规格相符。

(5) Floppy 3 Mode Support：软驱 3 模式支持。目前该选项没有实际用途，一般按默认值"Disabled"设置。

(6) Video：显示模式。可选参数包括 EGA/VGA、CGA40、CGA80 和 MONO 等。对于目前绝大多数的显卡和显示器，一般按默认值"EGA/VGA"设置。

(7) Halt On：中止方式。指定系统在开机自检时遇到以下哪种错误将会暂停启动。

① All Errors：无论遇到何种错误，系统提示出错信息，并暂停启动。

② No Errors：无论遇到何种错误，系统照常启动。

③ All,But Keyboard：除了键盘自检异常以外，系统照常启动，遇到其他错误则提示出错信息，并暂停启动。

④ All,But Diskette：除了键盘自检异常以外，系统照常启动，遇到其他错误则提示出错信息，并暂停启动。

⑤ All,But Disk/Key：除了磁盘或键盘自检异常以外，系统照常启动，遇到其他错误则提示出错信息，并暂停启动。

另外，在"标准 CMOS 设置"界面的右下角，有 4 行不可设置的只读信息，用来显示当前已安装到系统中的物理内存容量大小及其空间分配情况。

① Base Memory(基本内存，或称常规内存)：容量为 640KB，是用来运行程序的内存空间。BIOS 系统可以在加电自检时自动检测出来。

② Extended Memory(扩展内存)：1MB 以上的内存空间。BIOS 系统可以在加电自检时自动检测出来。

③ Other Memory(其他内存，或称保留内存)：位于 640KB～1MB 范围内、容量为 384KB 的内存空间。这部分空间仅供 ROM、显示适配器、磁盘驱动器适配器及硬件扩展卡等影射存储器使用。

④ Total Memory(物理内存容量总计)：基本内存、扩展内存和其他内存容量的合计。

步骤 4　掌握"BIOS 特性设置"选项中主要参数的功能作用。

"BIOS 特性设置"界面如图 3-4 所示。

"BIOS 特性设置"的主要选项及其参数说明如下(未列出者均按默认值设置)。

(1) Boot Virus Detection：引导区病毒侦测。一般按默认值"Disabled"设置，如果设置为 Enabled，当微型计算机受到计算机病毒攻击或对硬盘主引导扇区的内容进行修改时，则将在屏幕上提示病毒警告信息并自动将硬盘写保护。

(2) Boot Sequence：设备引导顺序。在引导系统启动时，指明将依据硬盘的哪个磁盘分区、软驱 A、光驱 CDROM 或其他设备的先后次序来试图读取保存在其盘片上的系统启动信息。例如，在安装操作系统时，经常将该选项设置为"CDROM,C,A"，表示先从光驱

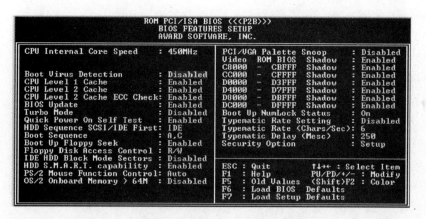

图 3-4 "BIOS特性设置"界面

CDROM 引导系统,若光盘不存在或读盘错误,则尝试从硬盘 C 启动;若硬盘还启动不了,则再尝试从软驱 A 引导。若在指明引导顺序的设备中均找不到启动信息,则将在屏幕上提示"引导失败"错误信息。当操作系统成功地安装到硬盘 C 上之后,通常将该选项设置为"C Only",表示每次启动时只从硬盘 C 直接引导,以减少对其他设备的访问时间,加快系统启动速度。

(3) Security Option:安全性选项。该选项有两个参数,用来指定检查口令的级别。若按默认值"Setup"设置,则表示在进入 CMOS 参数设置界面时要求检查口令;若设置为"System",则表示在系统开机启动时和在进入 CMOS 参数设置界面时均要求检查口令。

步骤 5　了解"芯片组特性设置"选项。

"芯片组特性设置"界面如图 3-5 所示,一般按默认值设置,不需修改。

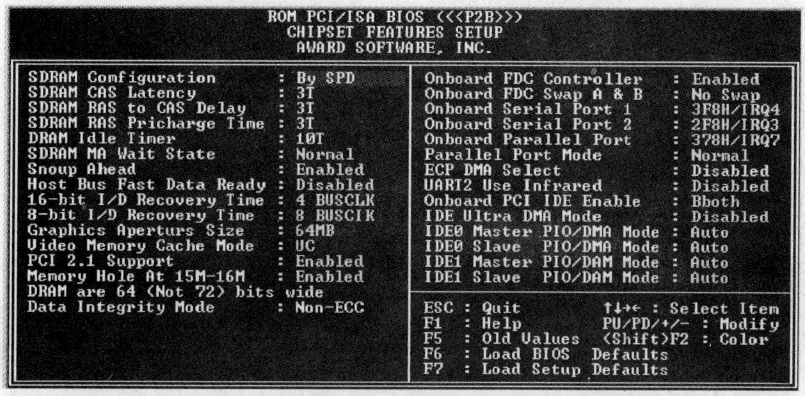

图 3-5 "芯片组特性设置"界面

步骤 6　了解"电源管理设置"选项。

"电源管理设置"界面如图 3-6 所示,一般按默认值设置,不需修改。

步骤 7　了解"PNP 和 PCI 设置"选项。

"PNP 和 PCI 设置"界面如图 3-7 所示,一般按默认值设置,不需修改。

步骤 8　了解"载入 BIOS 默认参数"和"载入 Setup 默认参数"选项的功能作用。

BIOS 的各项参数均由生产厂商在出厂时预置了默认值。其中,安全模式设置值是对

```
                    ROM PCI/ISA BIOS <<<P2B>>>
                       POWER MANAGEMENT SETUP
                        AWARD SOFTWARE, INC.

Power Management    : User Define        ** Fan Monitor **
Video Off Option    : Suspend -> Off     Chassis Fan Speed :   Ignore
Video Off Methot    : V/H SYNC+Blank     CPU Fan Speed     :  3924RPM
                                         Power Fan Speed   :   Ignore
        ** PM Timers **                     ** Thermal Monitor **
HDD Power Down      : 10 Min            CPU Temperature    :     N/A
Doze Mode           : Disable          NB Temperature     :  31°C/87°F
Standby Mode        : Disable             ** Voltage Monitor **
Suspend Mode        : Disable          VCORE Voltage      :    2.0V
                                       +3.3V Voltage      :    3.5V
       ** Power Up Control **          +5V   Voltage      :    5.1V
PWR Button < 4 Secs : Soft Off         +12V  Voltage      :   12.0V
PWR Up On Modem Act : Enabled          -12V  Voltage      :  -12.1V
AC PWR Loss Restart : Disabled         -5V   Voltage      :   -5.1V
Wake On LAN         : Disabled
Automatic Power Up  : Disabled         ESC : Quit       ↑↓→← : Select Item
                                       F1  : Help       PU/PD/+/- : Modify
                                       F5  : Old Values  <Shift>F2 : Color
                                       F6  : Load BIOS  Defaults
                                       F7  : Load Setup Defaults
```

图 3-6 "电源管理设置"界面

```
                    ROM PCI/ISA BIOS <<<P2B>>>
                       BIOS FEATURES SETUP
                        AWARD SOFTWARE, INC.

PNP OS Installed   : NO           DMA  1 Used By ISA : No/ICU
Slot 1 IRQ         : Auto         DMA  3 Used By ISA : No/ICU
Slot 2 IRQ         : Auto         DMA  5 Used By ISA : No/ICU
Slot 3 IRQ         : Auto
Slot 4 IRQ         : Auto         ISA MEM Block BASE : No/ICU
PCI Latency Timer  : 0 PIC Clock
                                  SYMBIOS SCSI BIOS  : Auto
                                  USB IRQ            : Disabled
IRQ  3 Used By ISA : No/ICU       VGA BIOS Sequence  : PCI/AGP
IRQ  4 Used By ISA : No/ICU
IRQ  5 Used By ISA : No/ICU
IRQ  7 Used By ISA : No/ICU
IRQ  9 Used By ISA : No/ICU
IRQ 10 Used By ISA : No/ICU
IRQ 11 Used By ISA : No/ICU
IRQ 12 Used By ISA : No/ICU       ESC : Quit       ↑↓→← : Select Item
IRQ 14 Used By ISA : No/ICU       F1  : Help       PU/PD/+/- : Modify
IRQ 15 Used By ISA : No/ICU       F5  : Old Values  <Shift>F2 : Color
                                  F6  : Load BIOS  Defaults
                                  F7  : Load Setup Defaults
```

图 3-7 "PNP 和 PCI 设置"界面

软、硬件要求较低的最保守的设置,只确保系统能够正常工作,而不考虑系统的运行效率。在进行 CMOS 参数设置的过程中,若出现设置错误或设置紊乱而又忘记了原有设置值的情况,则可以选用"载入 BIOS 默认参数"选项,以输入"Y"来回答如图 3-8 所示的屏幕提示后,系统将用 BIOS 默认参数值自动恢复初始设置状态。

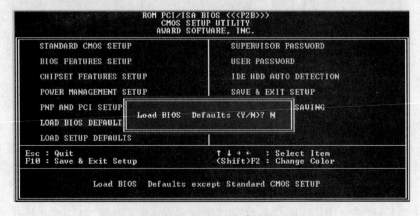

图 3-8 是否"载入 BIOS 默认参数"提示框

BIOS 的各个选项参数也预置了默认的优化模式设置值。在选用了"载入 SETUP 默认参数"选项并以输入"Y"来回答如图 3-9 所示的屏幕提示后,系统将 CMOS 参数自动恢复为 Setup 优化参数默认值。

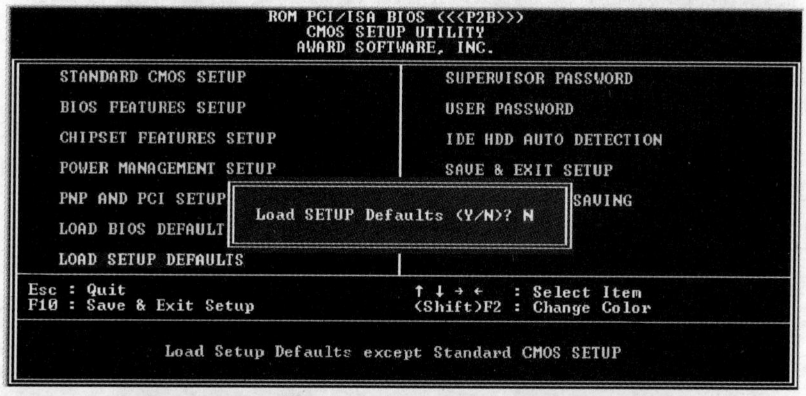

```
                    ROM PCI/ISA BIOS <<<P2B>>>
                        CMOS SETUP UTILITY
                       AWARD SOFTWARE, INC.

     STANDARD CMOS SETUP             SUPERVISOR PASSWORD

     BIOS FEATURES SETUP             USER PASSWORD

     CHIPSET FEATURES SETUP          IDE HDD AUTO DETECTION

     POWER MANAGEMENT SETUP          SAVE & EXIT SETUP

     PNP AND PCI SETUP  ┌──────────────────────────────┐ SAVING
                        │ Load SETUP Defaults <Y/N>? N │
     LOAD BIOS DEFAULT  └──────────────────────────────┘

     LOAD SETUP DEFAULTS

     Esc : Quit                    ↑ ↓ → ←   : Select Item
     F10 : Save & Exit Setup       <Shift>F2 : Change Color

            Load Setup Defaults except Standard CMOS SETUP
```

图 3-9　是否"载入 SETUP 默认参数"提示框

注意:在上面两种提示框中,若回答默认值"N",则将保留当前设置并返回主设置界面;有关 BIOS 参数的优化设置,详见"实训项目八　系统优化"。

步骤 9　掌握"管理员口令"和"用户口令"的设置方法。

BIOS 提供了设置管理员口令和用户口令这两重密码的功能,以便于分级管理。"管理员口令"用来指定进入 CMOS 参数设置界面时的密码,而"用户口令"则用来指定使用本系统的密码,包括开机口令(System 级)和进入 CMOS 参数设置界面时的口令(Setup 级)。检查口令的级别可以在"BIOS 特性设置"的"安全性选项"中加以设置。

在设置了管理员口令和用户口令这两重密码的情况下,若用管理员口令进入 CMOS 参数设置界面,则可以对所有选项值进行设置和修改,包括修改用户口令;若用用户口令进入 CMOS 参数设置界面,则只能对部分选项进行设置,而无权修改系统的一些重要选项参数。若仅设置了其中一种口令,则进入 CMOS 参数设置界面后,可以对所有选项值进行设置和修改。

管理员口令与用户口令的设置方法完全相同,如图 3-10 所示。

步骤 10　了解"IDE 硬盘自动检测"功能的用法。

利用 IDE 硬盘自动检测功能,可以将目前绝大多数 IDE 接口硬盘的各项参数值自动检测出来,并自动填充和保存到 CMOS 参数设置中,简化了硬盘参数的手工设置操作,也避免了因手工填写错误而造成硬盘不能正常工作或丢失部分存储空间的问题。

在 CMOS 参数设置界面的主菜单中,选择 IDE HDD AUTO DETECTION 选项并按 Enter 键执行,此时屏幕上将出现系统自动检测结果信息框,可以在"Select Primary Master Option(N=Skip):"提示中输入 MODE 选项参数值 LBA 所对应的 OPTIONS 序号"2",以完成自动检测、选择填充和配置操作,如图 3-11 所示。

MODE 选项的主要参数包括 NORMAL、LARGE 和 LBA。其中,LBA 模式可以支持大容量硬盘,一般情况下应选用该参数。设置完成后的结果如图 3-12 所示,它将被自动地填入"标准 CMOS 设置"界面的 HARD DISKS 的相应选项中。

步骤 11　掌握"保存并退出设置"功能的用法。

选择了 CMOS 参数设置界面主菜单上的 SAVE & EXIT SETUP 选项或直接按 F10

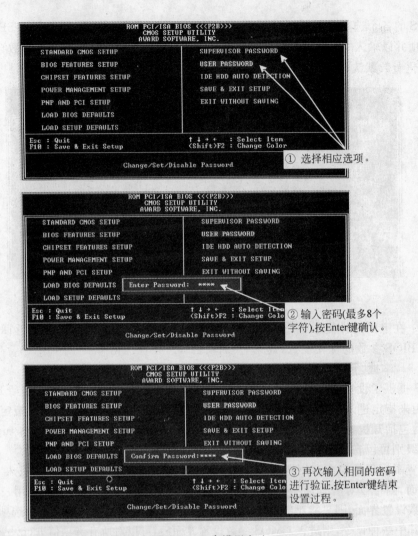

① 选择相应选项。

② 输入密码(最多8个字符),按Enter键确认。

③ 再次输入相同的密码进行验证,按Enter键结束设置过程。

图 3-10　口令设置方法

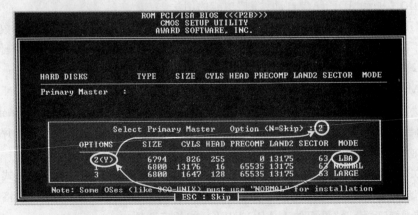

图 3-11　"IDE 硬盘自动检测"信息框及操作流程

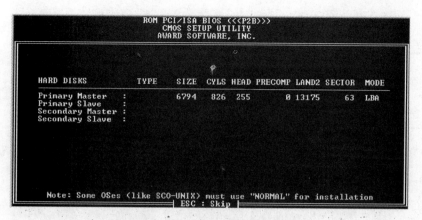

图 3-12　IDE 硬盘自动检测后的结果

功能键后,屏幕上将出现如图 3-13 所示的提示框。

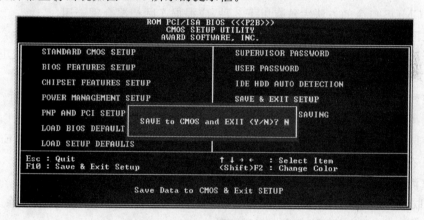

图 3-13　"保存并退出设置"提示框

若输入"Y"并按 Enter 键确认,则可以将已设置的 CMOS 参数值保存到 CMOS RAM 芯片中并退出 BIOS 设置程序;若以默认值"N"回答提示或直接按 Esc 键,则将取消该功能,返回 CMOS 参数设置界面的主菜单。

步骤 12　掌握"不保存并退出设置"功能的用法。

选择了 CMOS 参数设置界面主菜单上的 EXIT WITHOUT SAVING 选项或直接按 Esc 键后,屏幕上将出现如图 3-14 所示的提示框。

若输入"Y"并按 Enter 键确认,则将不保存 CMOS 参数的当前设置值而直接退出 BIOS 设置程序;若以默认值"N"回答提示或直接按 Esc 键,则将取消该功能,返回 CMOS 参数设置界面的主菜单。

【其他实训内容和参考步骤】

下面介绍 CMOS 口令的清除方法。

CMOS 口令可以用来防止其他用户启用本系统,或保护 BIOS 设置值不被其他人随意修改。但由于某种原因,当前用户可能需要取消已设置的 CMOS 口令,或遗忘了自己设置

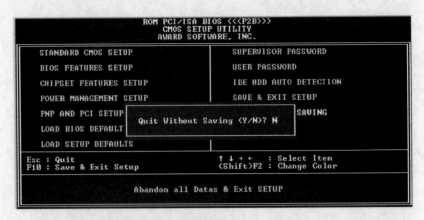

```
                ROM PCI/ISA BIOS <<<P2B>>>
                    CMOS SETUP UTILITY
                  AWARD SOFTWARE, INC.

   STANDARD CMOS SETUP            SUPERVISOR PASSWORD

   BIOS FEATURES SETUP            USER PASSWORD

   CHIPSET FEATURES SETUP         IDE HDD AUTO DETECTION

   POWER MANAGEMENT SETUP         SAVE & EXIT SETUP

   PNP AND PCI SETUP        ┌──────────────────────────────┐ SAVING
                            │ Quit Without Saving (Y/N)? N  │
   LOAD BIOS DEFAULT        └──────────────────────────────┘
   LOAD SETUP DEFAULTS

   Esc : Quit                      ↑ ↓ → ←   : Select Item
   F10 : Save & Exit Setup         <Shift>F2 : Change Color

              Abandon all Datas & Exit SETUP
```

图 3-14   "不保存并退出设置"提示框

的密码,因此,在掌握了 CMOS 口令的设置方法的同时,也应了解 CMOS 口令的清除方法。

取消 CMOS 口令的方法大致有以下 3 种,应根据实际情况合理选用。

1)取消已知密码的口令

① 开机启动或重新启动计算机,当屏幕底部出现"Press DEL to enter SETUP"提示信息时,按 Del 键。

② 在要求检查口令的提示框内,输入正确的密码,进入 CMOS 参数设置界面。

③ 利用键盘上的光标移动键选中"…PASSWORD"选项,按 Enter 键确认。

④ 在屏幕上出现的要求重新输入密码和验证密码的两个提示框内,直接按 Enter 键确认,然后保存 CMOS 参数并退出 BIOS 设置,即可取消口令。

2)取消 System 级口令

要想取消开机即要求检查口令的 System 级口令,只能采用硬件方法来清除。最常用的取消 System 级口令的硬件方法有以下两种。

(1)摘除主板后备电池放电法

① 彻底切断主机电源的供电。

② 打开机箱盖板,找到主板上的后备电池(常见的纽扣式后备电池如图 3-15 所示)。

③ 从电池座中卸下后备电池,使 CMOS RAM 芯片自动放电而造成 CMOS 数据丢失。

④ 将后备电池装回到电池座中,盖好机箱盖板并恢复主机电源供电。

⑤ 开机启动,此时的开机口令已被自动取消了。

图 3-15   纽扣式后备电池

注意:摘除后备电池使 CMOS RAM 芯片放电而造成 CMOS 数据丢失,并不表示该芯片中的所有数据全部消失了,而是自动恢复为出厂设置的 BIOS 默认值,因此在取消了口令之后,应立即进入 CMOS 参数设置界面,对某些必要的 CMOS 参数进行合理设置。

(2)主板跳线或拨动开关设置法

一般在主板后备电池附近,有一个印记为"PASSWD CLR"(清口令)或"CMOS Reset"(CMOS 复位)或"CMOS Clear"(清 CMOS)等字样的跳线。彻底切断主机电源后,对照主板说明书或主板印记找到该跳线的位置,用跳线帽将指定的两根针脚短接数秒钟,如图 3-16 所示,然后将跳线设置恢复原状,即可清除 CMOS 口令。

在有些主板上,也有将跳线做成双向拨动式组合开关的形式,一般在组合开关旁边还印记有相应的设置说明,如图 3-17 所示。对照主板说明书或主板印记,将相应序号的开关拨到"CMOS CLR"指定的 ON 位置,即可清除 CMOS 口令。需要注意的是,在清除了 CMOS口令之后,一定要将开关恢复为 OFF 的正常状态,否则微型计算机有可能不能正常启动,甚至造成损坏。

图 3-16　清除 CMOS 口令的跳线

(a) 双向拨动式组合开关　　　(b) 主板印记说明

图 3-17　双向拨动式组合开关及其主板印记说明

3) 取消 Setup 级口令

要想取消进入 CMOS 参数设置界面时要求检查口令的 Setup 级口令,既可以采用硬件方法清除(方法同上),也可以通过软件方法清除。软件清除法的前提条件是系统能够正常启动,并且能够切换到 MS-DOS 方式下。

常用的软件清除法是在 DOS 命令行方式下调用 debug 程序,通过执行特定的命令,往CMOS RAM 芯片的任一存储单元中写入一个任意数,使 CMOS RAM 芯片中保存的CMOS 设置参数自动恢复为 BIOS 默认值,即可清除掉 Setup 级 CMOS 口令。所需使用的命令如下:

```
C:\>debug        ; 在 DOS 提示符"C:\>"下,输入"debug"命令
- o 70,XX
- o 71,XX        ; 在 debug 提示符"-"下,通过使用"o"命令,往 CMOS RAM
                 ; 芯片的数据端口中写入一个任意数 XX,即可清除 CMOS 数据
- q              ; 退出 debug 程序,返回 DOS
```

最后,重新启动计算机,系统提示进入 BIOS 设置程序重新配置 CMOS 参数,此时的 CMOS口令已被清除了。

实训项目四　　硬盘初始化

【实训目的】

掌握在 DOS 方式下对硬盘进行初始化的操作方法,掌握在 Windows XP 环境下对硬盘进行初始化和适当调整磁盘分区的操作流程。

【实训要求】

(1) 了解硬盘初始化的相关概念。

(2) 掌握 DOS 方式下利用 FDISK 对硬盘进行合理分区的全过程。

(3) 掌握 DOS 方式下对各个硬盘分区进行高级格式化、向系统启动分区传送系统启动信息的 DOS 命令使用方法。

(4) 掌握 Windows XP 环境下硬盘初始化以及对部分磁盘分区进行适当调整的操作流程。

【实训内容和参考步骤】

步骤 1　硬盘初始化的相关概念。

(1) 硬盘初始化包括对硬盘进行低级格式化、硬盘分区和高级格式化 3 个过程。

① 低级格式化是将整个硬盘空间划分出若干个磁道(柱面),再将每个磁道划分为若干个扇区,每个扇区又划分出标识部分 ID、间隔区、间隔区大小 GAP 和数据区 DATA 等有效区块。每块硬盘在出厂前都进行了低级格式化,这是一种损耗性操作,因此不需要在硬盘初始化时频繁进行,否则有损硬盘的使用寿命。此外,低级格式化将使硬盘上的原有数据全部丢失。现在所谓的低级格式化,只不过是实现了重新置零和将坏扇区重新定向而已,并不能实现硬盘再生,也没有物理意义上的修复功能。在此不对硬盘低级格式化的操作过程和使用方法作过多介绍。

② 硬盘分区是对整个硬盘的存储空间依据拟定的使用规划和各分区的实际用途而划分出若干块可用的、可再定义的存储区域的操作,以便于数据文件的分盘管理。一块新硬盘一般在使用之前必须进行硬盘分区(哪怕只有 1 个分区)。通常,在硬盘分区之后,可以长时间地保持分区状态不变,如果哪个非启动分区出现了故障,则可以直接对该分区进行适当处理,而不影响其他分区的正常使用,简化了许多不必要的操作。另外,非启动分区的空间分配也可以在 Windows XP 等操作系统环境下进行适当调整(当然,调整后的这些分区上的原有数据将全部丢失)。

③ 在硬盘分区操作之后,必须对硬盘各个分区进行的高级格式化可以完成硬盘上的数

据清除,从各个逻辑盘指定的柱面开始对扇区进行逻辑编号,生成 DOS 引导记录 DBR,初始化文件分配表 FAT,建立根目录相应的文件目录表 FDT 及数据区 DATA,标注逻辑坏道等操作。通常所说的格式化指的就是高级格式化。

④ 由上述可知,所谓的硬盘初始化,一般是指硬盘分区和对各分区的高级格式化。

(2) 硬盘分区可以分为主分区(Primary Partition)、扩展分区(Extended Partition)和非 DOS 分区(Non-DOS Partition)三种形式的分区状态。

① 主分区只能有 1 个,系统自动分配盘符"C:",通常用来安装操作系统,因此它是可以支持启动的分区,在硬盘分区操作时必须设置为"激活(active)"状态。

② 一般将主分区以外的硬盘空间统称为扩展分区,它不能被直接访问,必须进一步划分为逻辑分区(Logical Drive)之后才可以进行各种磁盘操作。

③ 在扩展分区的基础上进一步划分的有效分区称为逻辑分区,也称逻辑磁盘或逻辑驱动器。逻辑分区可以有多个,系统自动按照"D:"、"E:"、"F:"等顺序分配盘符。

④ 非 DOS 分区是一种特殊存在形式的,在划分出了主分区和扩展分区之后,由硬盘剩余空间所构成的分区,它是将硬盘中的一块区域单独划分出来供给另一个操作系统使用的分区。对于主分区的操作系统来说,非 DOS 分区是一块被划分出去的存储空间,一般不能对该分区内的数据进行直接访问,只有非 DOS 分区内的操作系统才能管理和使用这块存储区域。因此,如果只安装并使用某一种操作系统,则在划分了主分区容量之后,建议将剩余的硬盘空间全部分配给扩展分区,这样就不会自动生成非 DOS 分区。

主分区容量＋扩展分区容量(所有逻辑分区容量之和)＋非 DOS 分区容量(可以为零)＝硬盘总容量。

(3) 硬盘分区是否合理,将直接影响到以后工作的便利性和硬盘数据的安全性,不同程度的错误将会造成不可预知的损失。例如,磁盘分区表错误就是最常见的硬盘错误,严重时甚至需要重新格式化、重装系统来解决;如果主分区没有设置"激活"标志,计算机将无法启动,但从光盘引导系统后,可以通过 FDISK 重置激活分区来进行修复,等等。

步骤 2　利用 FDISK 进行硬盘初始化。

本实训以 2GB 容量的 IDE 接口硬盘和 Windows 98 SE 操作系统为例,介绍 DOS 方式下利用 FDISK 将硬盘存储空间划分为 3 个可用分区的完整过程。

(1) 规划硬盘分区使用情况。

① 确定当前硬盘要分几个存储区域(如: 3 个分区)。

② 确定每个硬盘分区的用途(如: 第 1 个分区"C:"是主分区,用来安装操作系统和系统软件;第 2 个分区"D:"是第 1 逻辑分区,用来安装应用软件;第 3 个分区"E:"是第 2 逻辑分区,用来存放和备份数据文件;不需要非 DOS 分区)。

③ 根据当前硬盘 2GB 的总容量和各分区使用情况,大致分配每个分区的容量(如:"C:"为 1GB,"D:"为 500MB,剩余空间全部留给"E:")。

(2) 准备一张 Windows 98 SE 操作系统启动光盘,或直接使用安装盘。

(3) 将系统启动光盘放入光驱,重新启动计算机,当屏幕底部出现 Press DEL to Enter SETUP 提示信息时,按 Del 键,进入 CMOS 参数设置界面。

(4) 在 CMOS 参数设置界面中,选择并执行 BIOS FEATURES SETUP(BIOS 特性设置)选项,将 Boot Sequence(设备引导顺序)选项参数设置为 CDROM(光驱)作为第一引导设备,如图 4-1 所示。

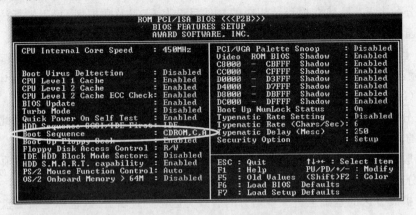

图 4-1　在 CMOS 参数设置界面中设置设备引导顺序

(5) 保存 CMOS 参数并退出 BIOS 设置,等待计算机重新启动,当屏幕上出现如图 4-2 所示的是否从光驱引导的提示信息时,按空格键确认从光驱引导。

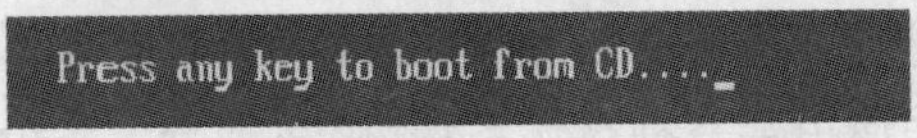

```
Press any key to boot from CD.... _
```

图 4-2　是否从光驱引导的屏幕提示

(6) 当计算机从已放入光驱的系统启动光盘上进行引导时,屏幕上将出现系统启动选项菜单,如图 4-3 所示。如果不选择,则将在 30 秒后自动执行默认选项。

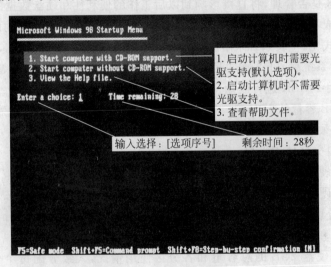

图 4-3　系统启动选项菜单

(7) 选择系统启动选项菜单中的选项 1(需要光驱支持),屏幕上将先后出现系统自动检测和等待系统启动等显示信息,分别如图 4-4(a)~(c)所示。

(8) 系统成功启动后,屏幕上将出现 DOS 命令提示符"A:\>",如图 4-5 所示(如果直接进入的是 Windows 安装界面,则应退出 Windows 安装程序并切换到"A:\>"提示符下)。

(a) 自动检测光驱类型

(b) 自动扫描总线类型

(c) 等待系统启动

图 4-4　系统自动检测和等待系统启动的屏幕显示信息

（9）在"A:\＞"提示符下直接输入"fdisk"命令，如图 4-6 所示，按 Enter 键执行，开始 FDISK 硬盘分区操作。

图 4-5　系统成功启动后的 DOS 界面

图 4-6　输入"fdisk"命令

（10）执行了 FDISK 命令后，屏幕上将出现是否需要支持大容量硬盘的提示信息，如图 4-7 所示。针对 8GB 容量以上的硬盘应回答"Y"，随后将进入到 FDISK 硬盘分区主界面。

（11）熟悉 FDISK 主界面上的菜单选项，如图 4-8 所示。

注意：对于各个菜单选项，应按照选项序号 4→3→1→2 的顺序进行，即：先查看，再删除，然后建立，最后激活。如果系统中存在两块以上的硬盘，则将会出现第 5 个选项"5.更改当前硬盘驱动器"，可以根据实际情况选择。

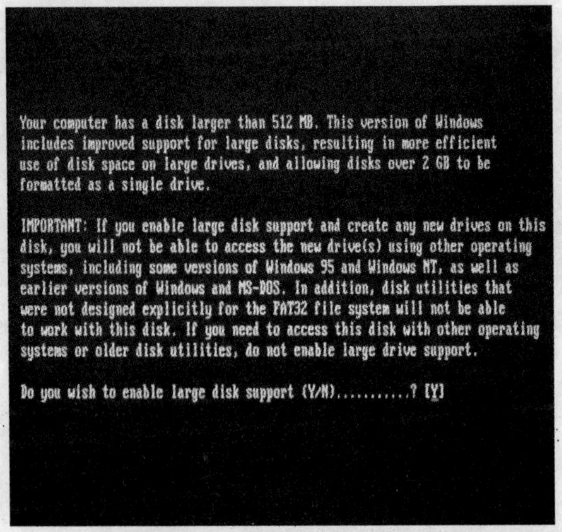

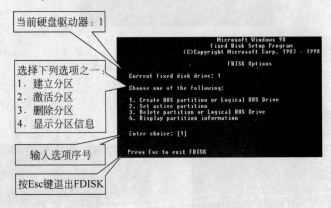

图 4-7　是否需要支持大容量硬盘的屏幕提示

当前硬盘驱动器：1

选择下列选项之一：
1. 建立分区
2. 激活分区
3. 删除分区
4. 显示分区信息

输入选项序号

按Esc键退出FDISK

图 4-8　FDISK 硬盘分区主界面

（12）选择选项 4，查看当前硬盘的原有分区情况，如图 4-9 所示。

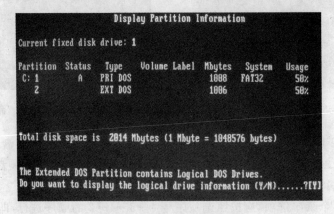

图 4-9　显示硬盘分区信息

与图 4-9 相对应的中文含义如下：

```
                        显示分区信息
当前硬盘驱动器：1

分区号    状态      类别         卷标    分区容量(MB)    所用系统    容量比例
C：1      激活     主 DOS 分区            1008          FAT32       50%
  2               扩展 DOS 分区          1006                      50%

硬盘总容量为 2014 兆字节(1 兆字节＝1048576 字节)
扩展 DOS 分区包含逻辑 DOS 驱动器。
您想要显示逻辑驱动器信息吗(是/否)……？［是］
```

注意：如果硬盘尚未分区，则将看不到具体内容，可以在分区后再查看这部分内容。

(13) 在显示硬盘分区信息的提示框内，如果以默认值"Y"来回答提示，则将在屏幕上显示逻辑分区情况，如图 4-10 所示；否则将退出显示并返回到 FDISK 选项菜单。

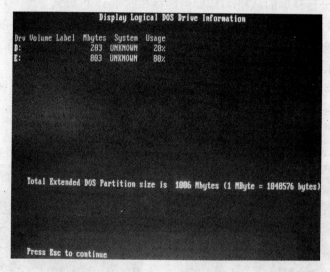

图 4-10　显示逻辑分区信息

注意：

① 如图 4-9 所示，如果主分区 1 与扩展分区 2 的容量比例之和不为 100%，则说明还存在非 DOS 分区。

② 如图 4-10 所示，如果两个逻辑分区 D：与 E：的容量比例之和不为 100%，则说明扩展分区中还剩有空间可以进一步划分。

③ 综合图 4-9 和图 4-10 可以看出，当前硬盘共划分了 3 个分区，其中：第 1 个分区是已经设置为"激活"状态并用 FAT32 系统格式化过但未赋予任何卷标(即磁盘的唯一标识)的主分区 C：；第 2 个分区是占有硬盘全部剩余空间的扩展分区，它又包含了 2 个未经格式化的逻辑分区 D：和 E：。

④ 由各分区容量比例之和均为 100% 可以得知，该硬盘中没有非 DOS 分区。

(14) 查看完当前硬盘的原有分区情况之后，按 Esc 键退出显示分区信息屏幕，返回到 FDISK 选项菜单。

(15) 选择选项 3，屏幕上将出现删除硬盘分区的二级菜单，如图 4-11 所示。

1. 删除主分区
2. 删除扩展分区
3. 删除逻辑分区
4. 删除非DOS分区

在此输入选项序号，
按Enter键确认

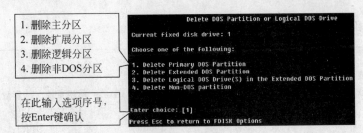

图 4-11　删除硬盘分区的二级菜单

注意：对删除分区菜单的选项操作应按照选项序号 4→3→2→1 逆序进行，即：先删除可能存在的非 DOS 分区，再删除所有的逻辑分区并使之归并为一个扩展分区，然后删除扩展分区，最后删除主分区。

删除硬盘分区的完整过程如下：

① 选择删除分区菜单的选项 4，删除可能存在的非 DOS 分区。

注意：如果没有非 DOS 分区，则将在屏幕上显示"非 DOS 分区不存在"的提示信息，此时可以按 Esc 键返回到 FDISK 选项菜单，再选择选项 3 继续下面的删除分区操作；否则，可以按照屏幕提示自行完成非 DOS 分区的删除操作。

② 选择删除分区菜单的选项 3，删除逻辑 DOS 分区，如图 4-12(a)～(d)所示。

- 输入要删除的分区盘符D。
- 输入卷标(如果没有卷标，则直接按Enter键继续)。
- 输入"Y"确认删除。

可以用同样的方法删除逻辑分区E。

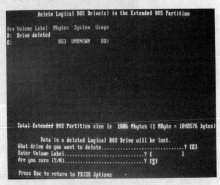

(a) 删除逻辑分区D

(b) 删除逻辑分区E

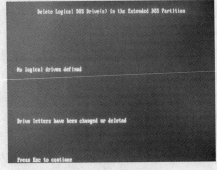

(c) 删除逻辑分区D和E后

(d) 删除所有逻辑分区后

图 4-12　删除逻辑 DOS 分区

③ 选择删除分区菜单的选项2,删除扩展 DOS 分区,如图 4-13(a)和(b)所示。

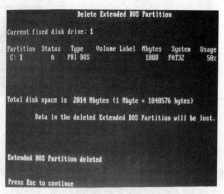

(a) 确认删除扩展分区   (b) 删除扩展分区后

图 4-13 删除扩展 DOS 分区

④ 选择删除分区菜单的选项1,删除主 DOS 分区(与删除逻辑分区的方法相同),如
图 4-14(a)和(b)所示。

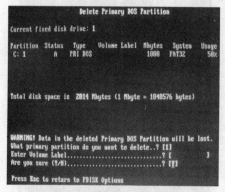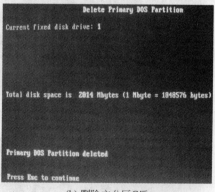

(a) 删除主分区C   (b) 删除主分区C后

图 4-14 删除主 DOS 分区

⑤ 选择 FDISK 选项菜单的选项4,查看一下当前硬盘上的所有分区是否均已被删除。
如果所有分区都被删除了,则将显示如图 4-15 所示的分区信息,否则针对未删除的分区参
考上述方法继续删除操作。

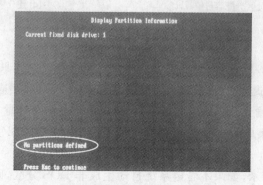

图 4-15 所有硬盘分区被删除后的显示分区信息

硬盘初始化

（16）选择选项 1，屏幕上将出现建立硬盘分区的二级菜单，如图 4-16 所示。

图 4-16　建立硬盘分区的二级菜单

注意：对建立分区菜单的选项操作应按照选项序号 1→2→3 顺序进行，即：先建立主分区，然后建立扩展分区，最后在扩展分区的基础上建立逻辑分区。

建立硬盘分区的完整过程如下：

① 选择建立分区菜单的选项 1，建立主 DOS 分区，如图 4-17(a)～(d)所示。

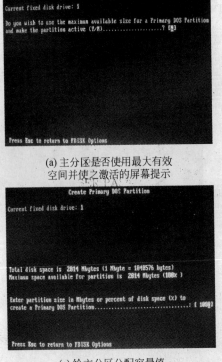

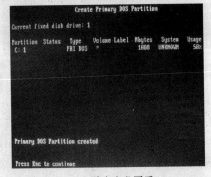

(a) 主分区是否使用最大有效　　　(b) 系统正在验证驱动器完整
空间并使之激活的屏幕提示　　　　性的屏幕显示

(c) 给主分区分配容量值　　　　(d) 建立主分区后

图 4-17　建立主 DOS 分区

注意：如图 4-17(a)所示，如果要将当前硬盘的全部有效空间只作为一个分区使用，则应以默认值"Y"来回答提示；否则，将为当前硬盘建立多个分区，则应回答"N"，并且需要在图 4-17(c)的提示框内输入适当的主分区容量值（应小于硬盘总容量，单位：兆字节）。

② 选择建立分区菜单的选项 2，建立扩展 DOS 分区，如图 4-18(a)和(b)所示。

注意：

● 如图 4-18(a)所示，如果不希望系统自动生成非 DOS 分区，则应把提示框内显示的

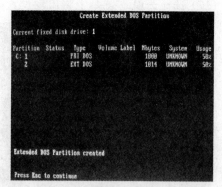

(a) 为扩展分区指定容量值　　　　　　　　(b) 建立扩展分区后

图 4-18　建立扩展 DOS 分区

硬盘剩余容量值全部分配给扩展分区。

- 在扩展分区建立完毕之后，再按一下 Esc 键退出的过程中，系统将自动询问是否继续建立逻辑分区并要求输入第 1 个逻辑分区的容量值（建议在此时建立）。
- 如果没有继续建立逻辑分区而直接返回到了 FDISK 选项菜单，则可以利用建立分区菜单的选项 3 来另行建立逻辑分区。

③ 按一下 Esc 键，继续建立逻辑 DOS 分区，如图 4-19(a)～(d)所示。

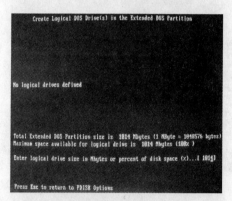
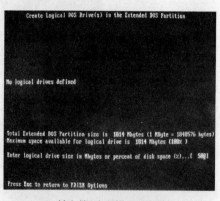

(a) 提示框内显示剩余容量　　　　　　　　(b) 输入第1个逻辑分区容量值

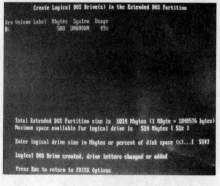
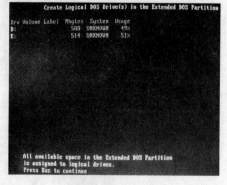

(c) 确认第2个逻辑分区容量值　　　　　　　(d) 建立两个逻辑分区后

图 4-19　建立逻辑 DOS 分区

（17）选择选项 2，屏幕上将出现设置激活分区的提示框，如图 4-20(a)和(b)所示。

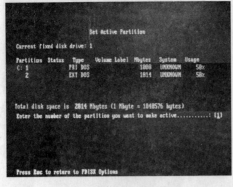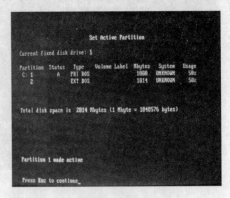

(a) 将分区1设置为激活状态   (b) 设置激活分区后

图 4-20   设置激活分区

（18）硬盘分区完毕，可以利用 FDISK 选项菜单的选项 4 来查看硬盘分区后的情况，如图 4-21 所示。查看完毕，按 Esc 键逐级退出，此时屏幕上会出现退出 FDISK 并要求重新启动计算机以使分区生效的提示信息，如图 4-22 所示。

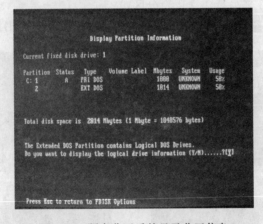

图 4-21   硬盘分区后的显示分区信息

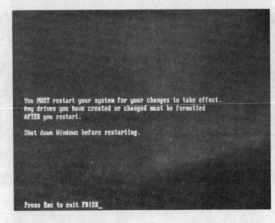

图 4-22   退出 FDISK 并重新启动计算机的屏幕提示

（19）用系统启动光盘重新启动计算机后,在"A:\>"提示符下输入 DOS 命令"format c:"并按 Enter 键执行,回答屏幕提示,完成对 C 盘的高级格式化,如图 4-23 所示。

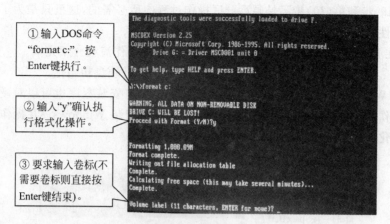

① 输入DOS命令 "format c:",按 Enter键执行。

② 输入"y"确认执行格式化操作。

③ 要求输入卷标(不需要卷标则直接按 Enter键结束)。

图 4-23　高级格式化 C 盘的 DOS 命令

（20）格式化 C 盘后,执行 DOS 命令"sys c:",可以将系统启动信息传送到 C 盘上,如图 4-24 所示。

图 4-24　传送系统启动信息的 DOS 命令和传送成功的屏幕显示

将系统启动信息传送到了 C 盘上之后,重新启动计算机并进入 CMOS 参数设置界面,选择 BIOS FEATURES SETUP 选项,将 Boot Sequence 选项参数设置为 C 盘作为第一引导设备或"C only"。以后再启动计算机时,就不需要每次均从光盘启动了,而可以直接从硬盘引导,以加快启动速度。系统从硬盘启动后的屏幕显示如图 4-25 所示。

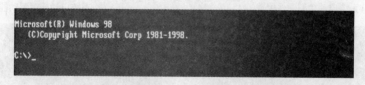

图 4-25　系统从硬盘启动后的屏幕显示

注意:

① 在用 FORMAT 命令格式化系统启动分区 C 时,可以使用以下两种可选参数。

• /q:表示快速格式化,但在首次格式化时,建议不要使用;

• /s:表示格式化完成后自动将系统启动信息传送到 C 盘上,相当于连续执行了"format c:"和"sys c:"这两个 DOS 命令。

② FORMAT 命令的/s 参数和 SYS 命令只适用于已设置为"激活"状态的系统启动分区,而不能应用于其他非启动分区。

③ 对于非启动分区在 DOS 方式下的格式化操作,可以使用 DOS 命令"format x:[/q]",其中:x 代表任意一个硬盘分区的盘符,[ ]代表可选项(不要输入[]符号)。

④ 第(19)步和第(20)步不是硬盘分区操作过程中所必需的,这里只是为了体现本实训操作的完整性,这两步也可以在安装操作系统时进行。

至此,在 DOS 方式下利用 FDISK 进行硬盘分区的操作流程介绍完毕。

步骤 3 在安装 Windows XP 操作系统的过程中进行硬盘初始化。

在安装 Windows XP 操作系统时,利用 Windows XP 安装程序也可以对硬盘进行分区和格式化操作。下面以 40GB 容量的硬盘为例,介绍在安装 Windows XP 操作系统时对硬盘进行初始化的操作流程,分别如图 4-26～图 4-39 所示。

图 4-26　从光驱启动的屏幕提示

② 等待系统自动检测计算机硬件配置并复制安装程序文件。

(a) 系统自动检测硬件配置　　　　　　　　　(b) 系统自动检测驱动器

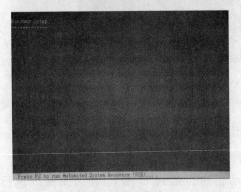
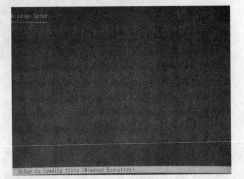

(c) 提示是否自动覆盖　　　　　　　　　　　(d) 载入安装程序文件

图 4-27　等待系统启动安装程序的屏幕显示

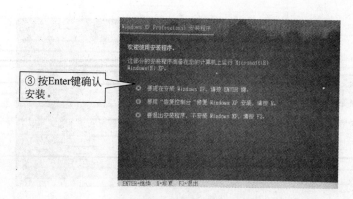

③ 按Enter键确认安装。

图 4-28 安装程序选项菜单

注意：在此界面的各个选项中，如果直接按 Enter 键，则继续执行 Windows XP 操作系统的安装过程；如果按 R 键，则可以修复以前进行过的 Windows XP 安装；如果按 F3 键，则不安装 Windows XP 而退出安装程序。

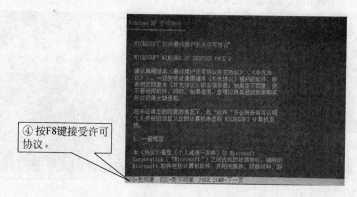

④ 按F8键接受许可协议。

图 4-29 是否接受许可协议的屏幕提示

注意：在此必须接受许可协议，否则将不能继续安装程序的执行过程。

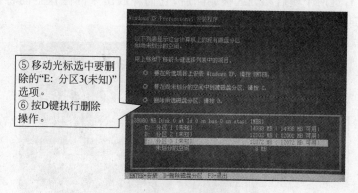

⑤ 移动光标选中要删除的"E: 分区3(未知)"选项。
⑥ 按D键执行删除操作。

图 4-30 选中并删除磁盘分区 E

注意：在此若直接按 Enter 键，则将在光标所在的磁盘分区上开始 Windows XP 操作系统的安装过程；若按 C 键，则可以在尚未划分的空间中新建磁盘分区；本操作应按 D 键，确认执行磁盘分区 E 的删除操作。

46

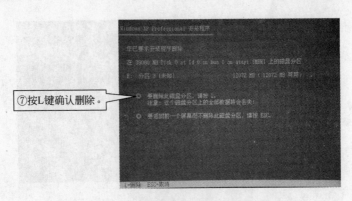

⑦按L键确认删除。

图 4-31　确认删除磁盘分区 E 的屏幕提示

注意：在此按 L 键确认执行磁盘分区的删除操作，删除后的磁盘分区上的所有数据将会全部丢失；如果按 Esc 键，则不执行删除操作而返回到上一屏显示。

⑧ 采用与第⑤～⑦步相同的方法，删除磁盘分区D。

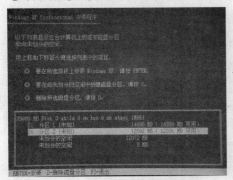
(a) 选中磁盘分区D

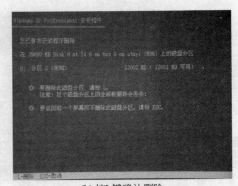
(b) 按L键确认删除

图 4-32　选中并删除磁盘分区 D

注意：D 和 E 这两个非启动分区被删除后，它们释放出来的磁盘空间将被自动地归并到"未划分的空间"中。

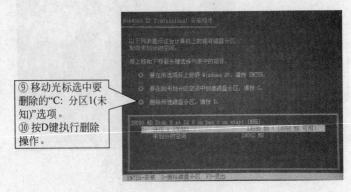

⑨移动光标选中要删除的"C: 分区1(未知)"选项。
⑩按D键执行删除操作。

图 4-33　选中并删除磁盘分区 C

注意：如果可启动系统的磁盘分区 C 满足硬盘使用规划的容量要求，则可以在"未划分的空间"中进行新磁盘分区的创建操作，否则继续进行启动分区 C 的删除操作。

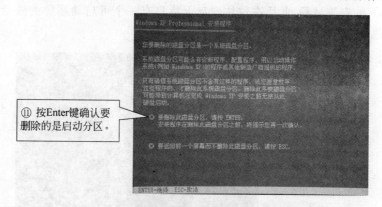

⑪ 按Enter键确认要删除的是启动分区。

图 4-34　确认要删除的是启动分区 C 的屏幕提示

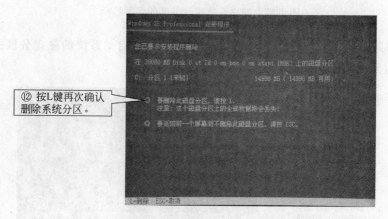

⑫ 按L键再次确认删除系统分区。

图 4-35　再次确认要删除启动分区 C 的屏幕提示

注意：在删除启动分区 C 的操作过程中，多了一屏确认删除的屏幕提示，这是与删除其他非启动分区的不同之处，其目的是为了保护系统分区不被误删除。如果不想删除这个系统分区，则可以按 Esc 键取消当前操作并返回上一屏显示。

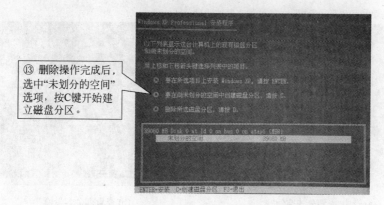

⑬ 删除操作完成后，选中"未划分的空间"选项，按C键开始建立磁盘分区。

图 4-36　删除了所有磁盘分区并开始新建磁盘分区的屏幕显示

注意：所有磁盘分区被删除后，在屏幕下方的列表框中，将只剩下一个"未划分的空间"，而且显示的容量值应当与硬盘总容量值相符。如果此时直接按下了 Enter 键，则将开始 Windows XP 的安装过程，此后在这块硬盘上将只有一个可启动系统的磁盘分区 C。如果想要进行多分区操作，则应当按 C 键。

⑭ 在此输入第1个磁盘分区(启动分区C)的容量值，以Enter键确认。

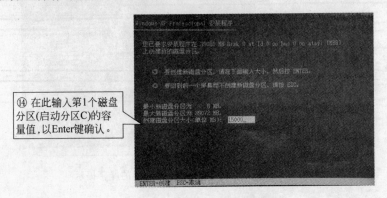

图 4-37   建立系统磁盘分区的屏幕提示

注意：如果要划分多个硬盘分区，则在此处输入的可启动系统的磁盘分区的容量值应小于提示框内显示的硬盘总容量值。

新建的启动分区C(15GB容量，尚未使用)

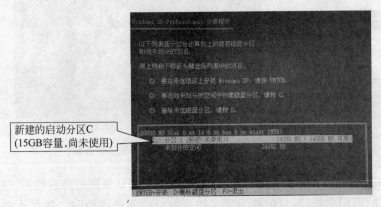

图 4-38   建立启动分区 C 后的屏幕显示

⑮ 采用与第⑬步和第⑭步相同的方法建立其他磁盘分区。

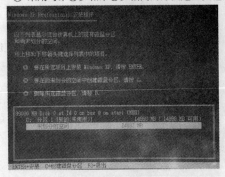

(a) 选中"未划分的空间"

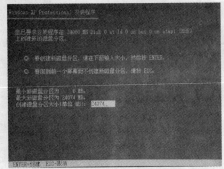

(b) 查看剩余容量值

图 4-39   建立其他磁盘分区

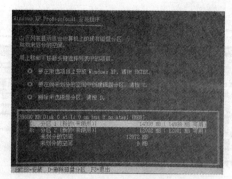

(c) 输入磁盘分区D的容量值   (d) 建立磁盘分区D后

图 4-39 （续）

注意：在利用 Windows XP 安装程序建立了多个磁盘分区之后，系统自动剩余的未划分的空间是留给系统使用的存储区域。对于这块区域，不能再建立新的磁盘分区。

至此，利用 Windows XP 安装程序进行硬盘分区的操作流程介绍完毕。

利用 Windows XP 安装程序，还可以继续对各个磁盘分区进行高级格式化操作并安装 Windows XP 操作系统（详见"实训项目五 安装操作系统"）。

步骤 4 Windows XP 环境下的硬盘分区管理。

在已成功安装的 Windows XP 环境下，对硬盘的非启动分区进行容量调整（需要重新分区）的操作流程如图 4-40～图 4-55 所示。

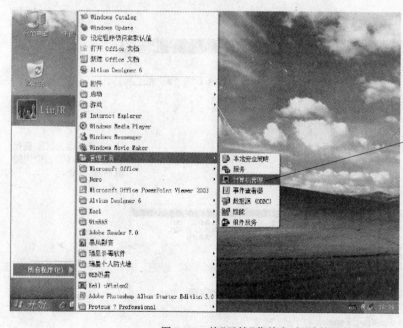

① 选择"开始"→"所有程序"→"管理工具"→"计算机管理"命令。

图 4-40 从"开始"菜单启动"计算机管理"

注意：在对磁盘分区进行容量调整之前，一定要先将重要的数据文件备份出来，否则将有可能造成不必要的数据丢失。

49

实训项目四

硬盘初始化

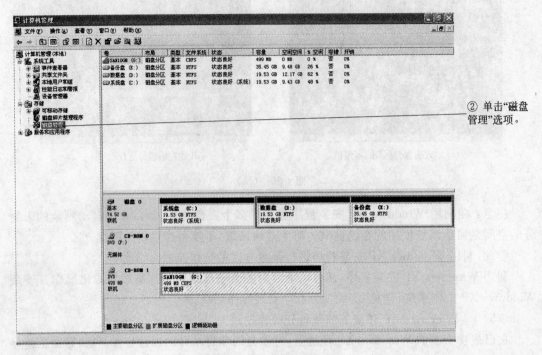

② 单击"磁盘
管理"选项。

图 4-41　"计算机管理"窗口

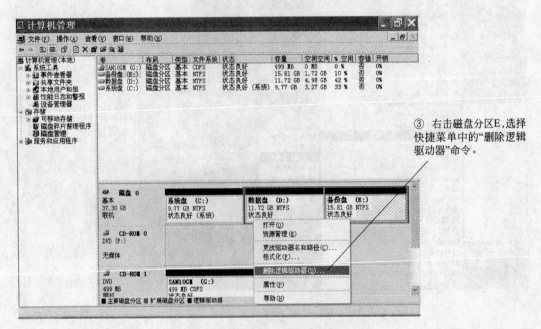

③ 右击磁盘分区E,选择
快捷菜单中的"删除逻辑
驱动器"命令。

图 4-42　"删除逻辑驱动器"E 的快捷菜单

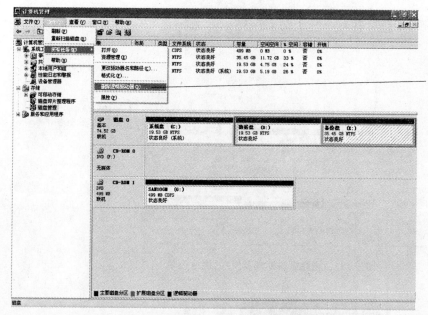

或：单击选中磁盘分区E，选择"操作"→"所有任务"→"删除逻辑驱动器"命令。

图 4-43 "删除逻辑驱动器"E 的菜单命令

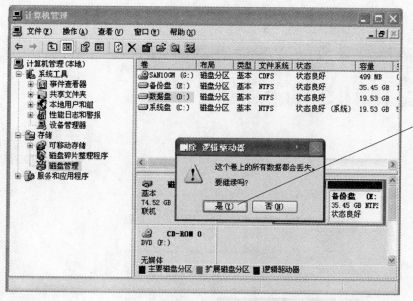

④ 单击"是"按钮。

图 4-44 "删除逻辑驱动器"E 的提示框

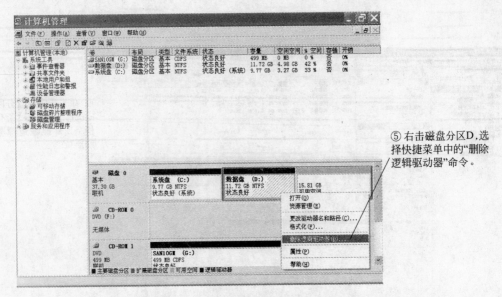

⑤ 右击磁盘分区D，选择快捷菜单中的“删除逻辑驱动器”命令。

图 4-45 “删除逻辑驱动器”D 的快捷菜单

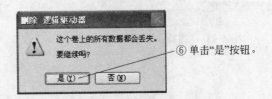

删除 逻辑驱动器
这个卷上的所有数据都会丢失。
要继续吗?
是(Y)
否(N)
⑥ 单击“是”按钮。

图 4-46 “删除逻辑驱动器”D 的提示框

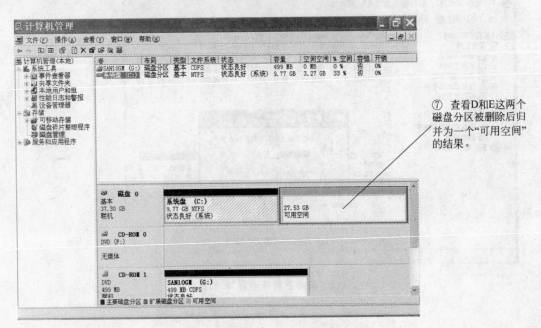

⑦ 查看D和E这两个磁盘分区被删除后归并为一个“可用空间”的结果。

图 4-47 删除磁盘分区后逻辑驱动器情况

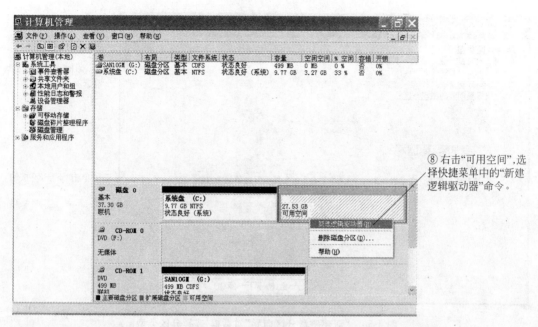

⑧ 右击"可用空间",选择快捷菜单中的"新建逻辑驱动器"命令。

图 4-48 "新建逻辑驱动器"的快捷菜单

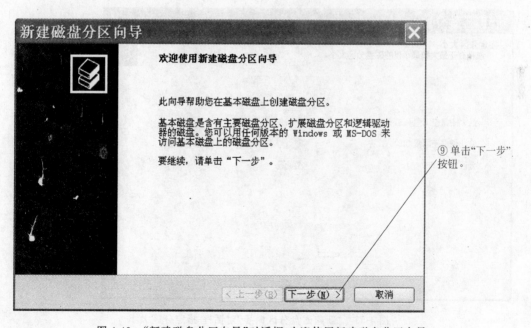

⑨ 单击"下一步"按钮。

图 4-49 "新建磁盘分区向导"对话框-欢迎使用新建磁盘分区向导

实训项目四

硬盘初始化

54

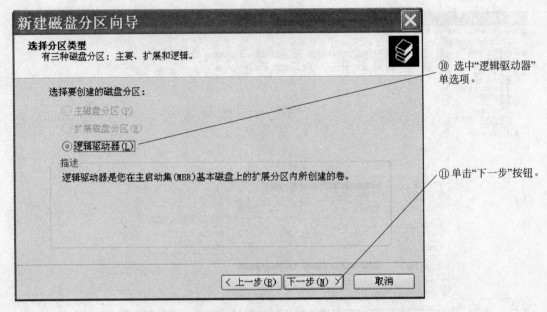

⑩ 选中"逻辑驱动器"单选项。

⑪ 单击"下一步"按钮。

图 4-50 "新建磁盘分区向导"对话框-选择分区类型

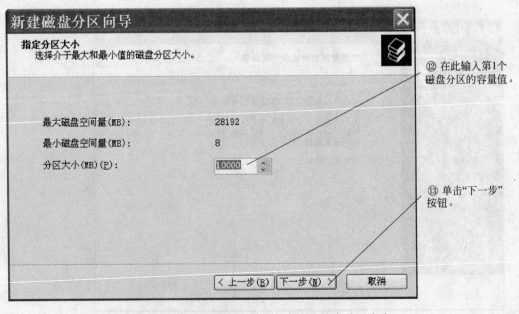

⑫ 在此输入第1个磁盘分区的容量值。

⑬ 单击"下一步"按钮。

图 4-51 "新建磁盘分区向导"对话框-指定分区大小

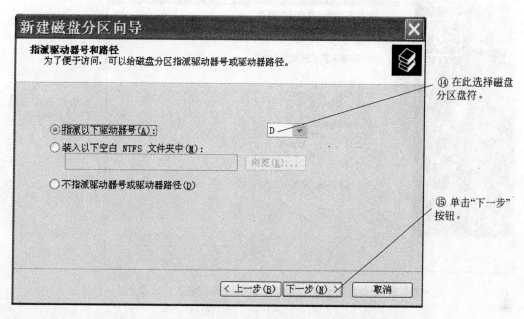

⑭ 在此选择磁盘
分区盘符。

⑮ 单击"下一步"
按钮。

图 4-52 "新建磁盘分区向导"对话框-指派驱动器号和路径

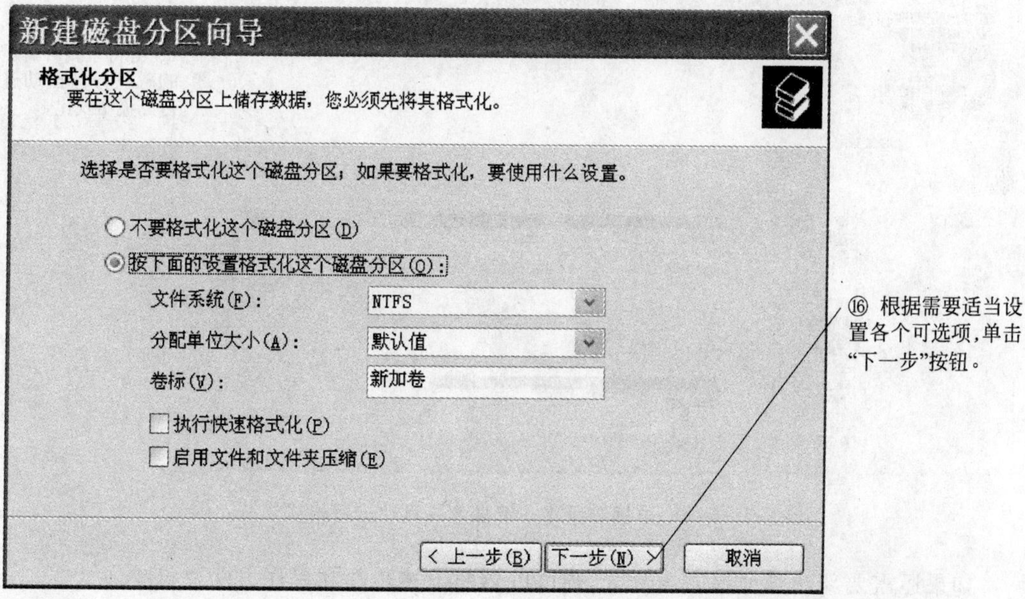

⑯ 根据需要适当设
置各个可选项，单击
"下一步"按钮。

图 4-53 "新建磁盘分区向导"对话框-格式化分区

硬盘初始化

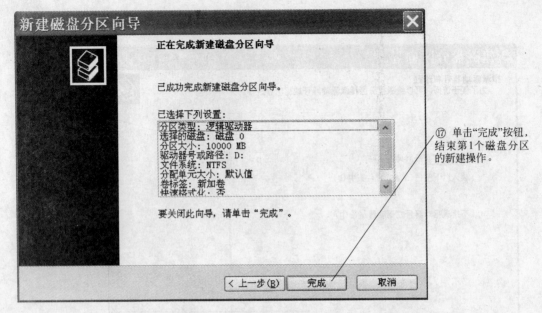

⑰ 单击"完成"按钮，结束第1个磁盘分区的新建操作。

图 4-54 "新建磁盘分区向导"对话框-正在完成新建磁盘分区向导

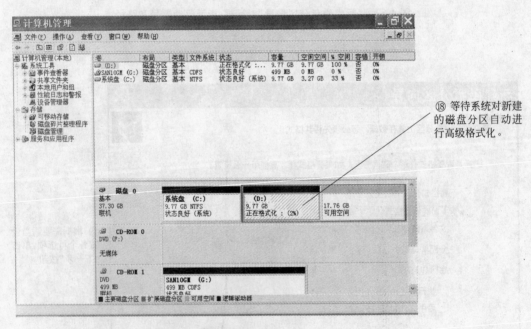

⑱ 等待系统对新建的磁盘分区自动进行高级格式化。

图 4-55 系统对新建的磁盘分区自动进行格式化

如果还需要新建其他的磁盘分区，则可以参照上述步骤和操作方法自行完成。

至此，在 Windows XP 环境下利用"计算机管理"窗口中的"磁盘管理"功能将几个非启动分区归并为一个逻辑驱动器，再将这个逻辑驱动器的可用空间划分为若干个磁盘分区并进行高级格式化的操作流程介绍完毕。

实训项目五　　安装操作系统

【实训目的】

掌握 Windows 操作系统的安装与选项配置的方法,了解安装过程中的一些注意事项。

【实训要求】

(1) 掌握 Windows 操作系统的完整安装流程。

(2) 掌握在 Windows 操作系统的安装流程中对硬盘进行初始化和在一系列的安装界面中对各个选项进行设置以及对相关参数进行配置的方法。

(3) 了解在 Windows 操作系统的安装流程中应当注意的一些问题。

【实训内容和参考步骤】

本实训以 80GB 新硬盘和安装中文版 Windows XP 操作系统为例。

步骤 1　启动计算机,按 Del 键进入 CMOS 参数设置界面,把"设备引导顺序"选项设置为光驱作第一引导,将 Windows XP 安装光盘放入光驱,保存 CMOS 参数并退出 BIOS 设置。

步骤 2　在计算机重新启动的过程中,当屏幕上出现如图 5-1 所示的提示信息时,按任意键(通常按 SpaceBar 键)确认从光盘启动计算机。

图 5-1　从光盘启动计算机的提示信息

步骤 3　计算机在从 Windows XP 安装光盘启动的过程中,将对当前计算机的硬件配置进行自动检测,如图 5-2(a)所示。与此同时,在 Windows Setup 界面中载入安装程序所需的一系列文件,如图 5-2(b)所示。随后,进入"欢迎使用安装程序"界面,如图 5-3 所示。

注意:在出现"欢迎使用安装程序"界面之前,建议不要按任何键,耐心等待即可。如果想要退出 Windows XP 安装程序,则可以按 F3 键并回答屏幕提示;如果已经安装过 Windows XP 并想要修复安装,则可以按 R 键。

步骤 4　按 Enter 键确认开始安装 Windows XP,随后将在屏幕上出现"Windows XP 许可协议"界面,如图 5-4 所示。

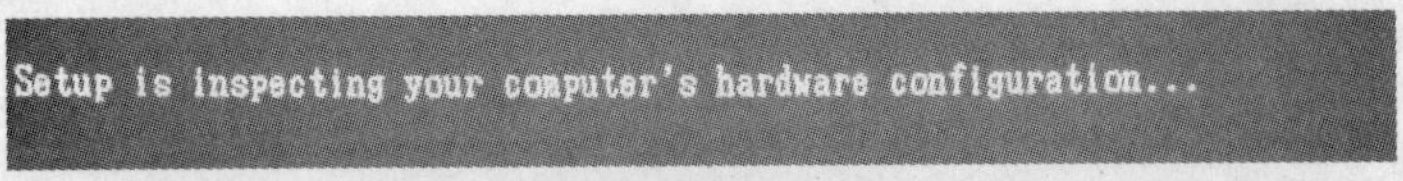

Setup is inspecting your computer's hardware configuration...

(a) 自动检测硬件配置

Windows Setup

Press F6 if you need to install a third party SCSI or RAID driver...

(b) Windows Setup界面

图 5-2 启动 Windows 安装程序

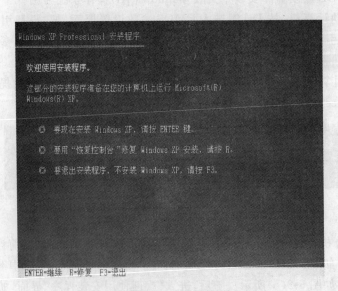

Windows XP Professional 安装程序

欢迎使用安装程序。

这部分的安装程序准备在您的计算机上运行 Microsoft(R)
Windows(R) XP。

◎ 要现在安装 Windows XP，请按 ENTER 键。

◎ 要用 "恢复控制台" 修复 Windows XP 安装，请按 R。

◎ 要退出安装程序，不安装 Windows XP，请按 F3。

ENTER=继续　R=修复　F3=退出

图 5-3 "欢迎使用安装程序"界面

注意：在初次安装 Windows XP 时，建议浏览一下微软公司所拟定的用户许可协议。

步骤5　按 F8 键确认同意许可协议后，将在屏幕上出现磁盘空间分配情况及相关操作说明的显示界面，如图 5-5 所示。

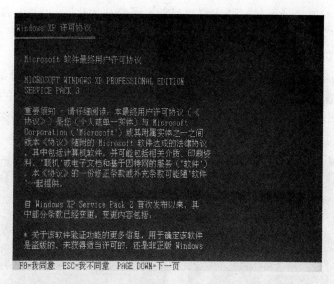

图 5-4　"Windows XP 许可协议"界面

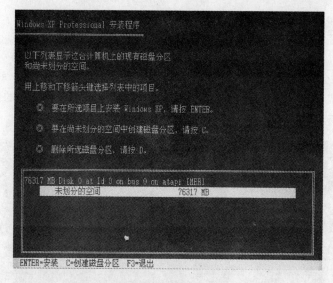

图 5-5　显示磁盘空间分配情况的界面

注意:

① 由屏幕下方列表框内的显示情况可以看出,系统自动检测到当前硬盘的总容量约为 80GB(76317MB),并且只有一个未划分的磁盘空间,而没有其他的磁盘分区。

② 此时,如果直接按 Enter 键,系统将对这块尚未划分的空间进行高级格式化并开始安装 Windows XP,此后在这块硬盘上将只有一个容量大小为 80GB 的启动分区 C。

③ 如果在列表框内的显示中发现还有其他磁盘分区,则说明该硬盘已经划分过磁盘分区。如果这些磁盘分区不符合自己对整个硬盘空间的使用规划情况,则可以对磁盘分区进行重组,此时可以利用光标移动键选中某个磁盘分区,按 D 键并回答屏幕提示后,即可把选定的磁盘分区删除掉,并使释放出来的磁盘空间归并到"未划分的空间"中,然后再对"未划

分的空间"创建新的磁盘分区(详见"实训项目四　硬盘初始化"的相关内容)。

　　步骤 6　由于本实训将对新硬盘进行多分区操作并且在启动分区 C 上安装 Windows XP,因此针对"未划分的空间",应当按 C 键,开始创建磁盘分区。

　　步骤 7　在随后出现的要求指定磁盘分区容量值的文本框内,输入合适的容量数值(本例对启动分区 C 输入 20000,单位 MB),然后按 Enter 键确认。采用同样的方法可以对尚未划分的磁盘空间继续进行分区操作(本例中将剩余空间全部划分给另一个磁盘分区 D)。新建了两个磁盘分区 C 和 D 后的结果显示如图 5-6 所示。

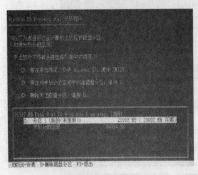
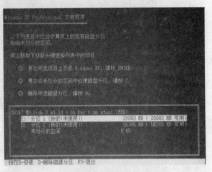

(a) 新建磁盘分区C后　　　　　　　　　　(b) 新建磁盘分区D后

图 5-6　新建了两个磁盘分区后的结果显示

　　步骤 8　磁盘分区创建完成后,按光标移动键选中将要安装 Windows XP 的启动分区 C,按 Enter 键确认,屏幕上将出现要求选择立即格式化该分区时所使用的文件系统的选项菜单,如图 5-7 所示。

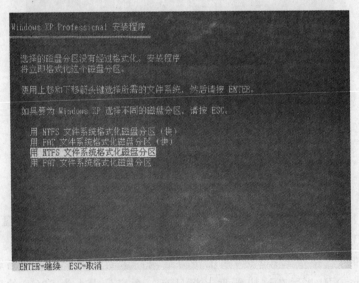

图 5-7　格式化时使用的文件系统选项菜单

　　注意:在这个选项菜单中,Windows XP 提供了快速格式化和完全格式化这两种操作方式(首次格式化时建议使用完全格式化)以及格式化时使用的 FAT32 和 NTFS 这两种文件系统(NTFS 在安全性和性能方面要比 FAT32 更优越)以供选择。

步骤 9　按光标移动键选中某个选项后(本例中选择 NTFS 完全格式化),按 Enter 键确认,随后进入磁盘格式化界面,如图 5-8 所示。

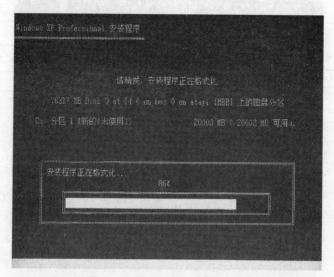

图 5-8　正在格式化磁盘分区的进度条

注意:正在进行磁盘格式化时,不要进行任何其他操作,必须耐心等待。

步骤 10　磁盘格式化执行完毕后,Windows XP 将会花几分钟时间来检查安装 Windows XP 所需的磁盘空间,如图 5-9 所示。

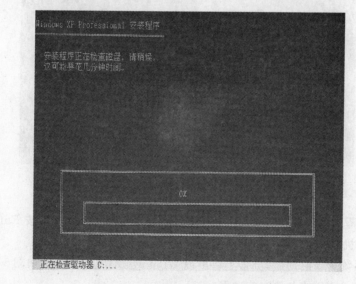

图 5-9　正在检查磁盘空间的进度条

步骤 11　磁盘空间检查完毕后,安装程序将开始把一些必要的文件复制到该磁盘分区相应的 Windows 安装文件夹中,如图 5-10 所示。

步骤 12　文件复制完毕后,安装程序将会对 Windows XP 配置进行初始化,如图 5-11 所示。随后,系统提示将自动在 15 秒之后重新启动计算机,如图 5-12 所示。

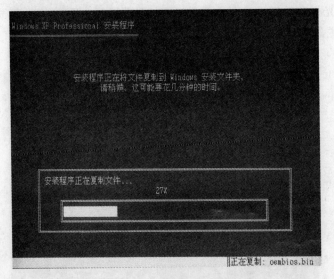

图 5-10　正在复制文件的进度条

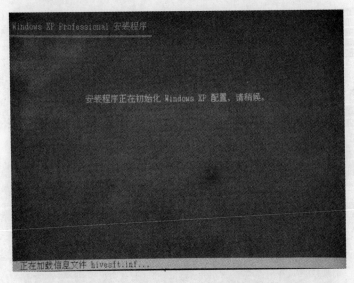

图 5-11　正在初始化 Windows XP 配置

注意：当屏幕上出现倒计时进度条时，可以不必等待 15 秒而直接按 Enter 键，即可立即重新启动计算机。

步骤 13　系统重新启动后，屏幕上将出现 Windows XP 启动界面，如图 5-13 所示，随后继续进行 Windows XP 的自动安装过程。

注意：在系统首次重新启动的过程中，可以进入 BIOS 设置，将"设备引导顺序"选项设置为硬盘 C 作第一引导或"C only"，以减少不必要的对其他设备的访问时间，从而加快系统启动速度。如果此时没有更改设备引导顺序，当屏幕上出现是否从光驱引导的提示信息时，稍等一会儿，系统将会自动从硬盘引导。

步骤 14　重新载入安装程序之后，系统将继续进行 Windows XP 的自动安装过程并提

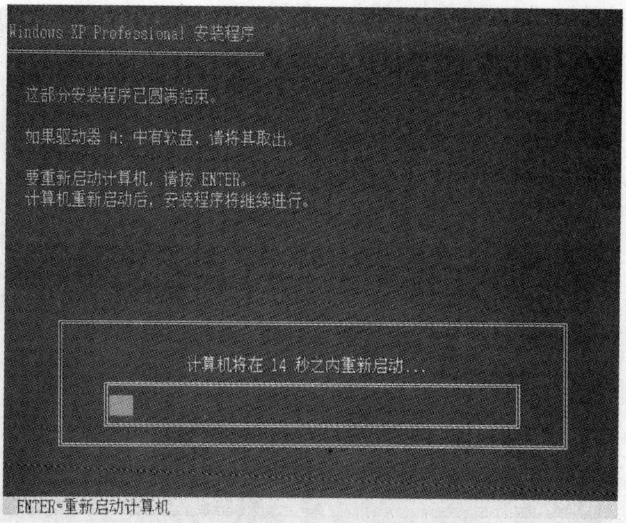

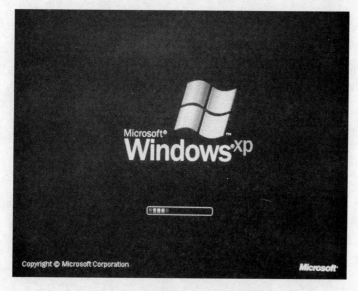

图 5-12　15 秒后自动重新启动计算机的倒计时进度条

图 5-13　Windows XP 启动界面

示完成安装所需的时间,如图 5-14 所示。

步骤 15　在 Windows XP 自动安装的过程中,屏幕上将会陆续出现一系列的安装界面和有关 Windows XP 功能的介绍。其中,Windows XP 正在安装设备的界面如图 5-15 所示。

步骤 16　Windows XP 安装设备完成后,安装程序将要求进行区域和语言设置,会自动弹出"区域和语言选项"对话框,如图 5-16 所示,直接单击"下一步"按钮。

注意:在此对话框中,通常按照默认的选项值设置("标准和格式"选项的默认设置为"中文(中国)","位置"选项的默认设置为"中国",如果需要更改,可以单击"自定义"按钮来改变设置;"文字服务和输入语言"选项的默认设置为"中文(简体)—美式键盘 键盘布局",

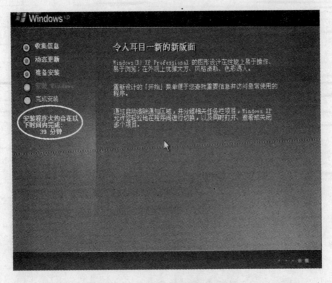

图 5-14　Windows XP 安装界面

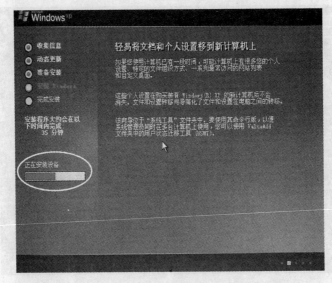

图 5-15　Windows XP 正在安装设备的进度条

如果需要更改,可以单击"详细信息"按钮来改变设置)。

步骤 17　在"区域和语言选项"对话框中单击"下一步"按钮后,安装程序将要求输入个人信息,会自动弹出"自定义软件"对话框,如图 5-17 所示。在"姓名"和"单位"文本框内输入相应的信息后,单击"下一步"按钮。

注意:在"自定义软件"对话框中,必须在"姓名"和"单位"文本框内输入内容,否则"下一步"按钮将无法生效。

步骤 18　在"自定义软件"对话框中单击"下一步"按钮后,安装程序将要求输入产品密钥(即序列号,正版软件可以在安装盘的包装盒内找到),会自动弹出"您的产品密钥"对话框,如图 5-18 所示。按要求输入正确的序列号后,单击"下一步"按钮。

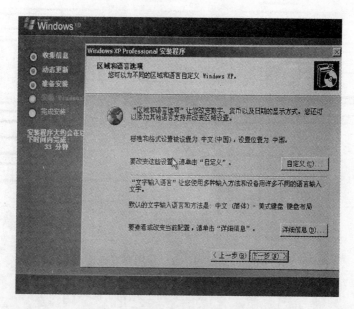

图 5-16　"区域和语言选项"对话框

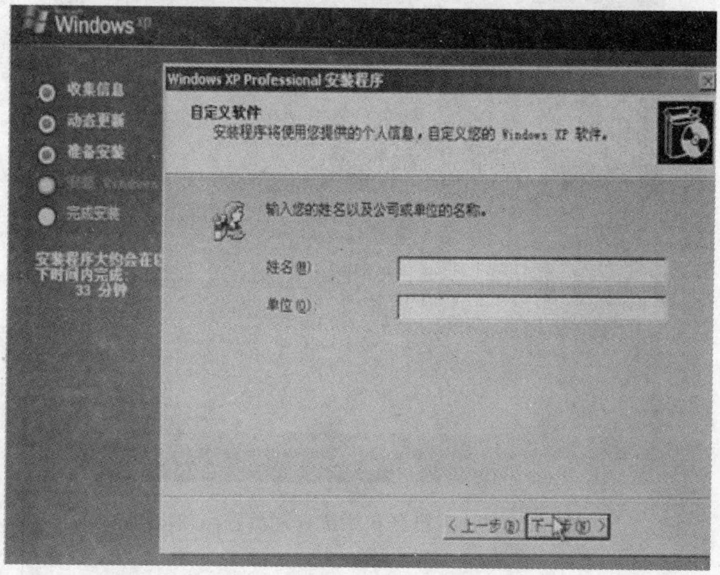

图 5-17　"自定义软件"对话框

注意：在"您的产品密钥"对话框中，必须严格按照软件产品序列号的要求输入正确的密钥，否则安装程序将无法继续下去。

步骤 19　系统确认序列号输入无误后，将提示设置计算机名和系统管理员密码，会自动弹出"计算机名和系统管理员密码"对话框，如图 5-19 所示。适当设置后(也可以不输入任何内容)，单击"下一步"按钮。

步骤 20　在"计算机名和系统管理员密码"对话框中单击"下一步"按钮后，安装程序将要求设置系统当前的日期和时间，会自动弹出"日期和时间设置"对话框，如图 5-20 所示。

66

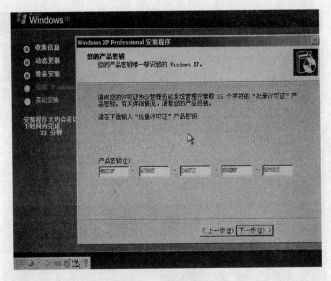

图 5-18 "您的产品密钥"对话框

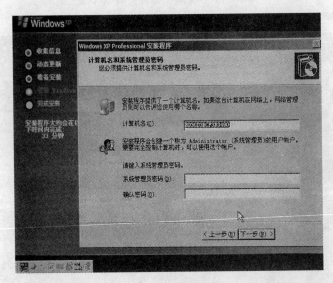

图 5-19 "计算机名和系统管理员密码"对话框

适当设置后(也可以使用默认设置),单击"下一步"按钮。

注意:如果在 BIOS 设置中已经对系统日期和时间进行了准确设置,则将在"日期和时间设置"对话框中的相应位置处直接显示出来,此时就不需要进行重复设置了。如果不想使用默认的北京时间,则可以单击"时区"选项区域中的下拉列表框右边的下三角按钮,在下拉列表中进行适当选择。

步骤 21 在"日期和时间设置"对话框中单击"下一步"按钮后,安装程序将进行一段时间的网络安装工作,如图 5-21(a)所示,随后弹出"网络设置"对话框,如图 5-21(b)所示,要求设置网络连接。适当设置后(也可以使用默认设置),单击"下一步"按钮。

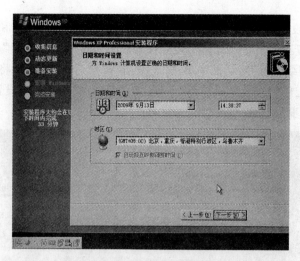

图 5-20 "日期和时间设置"对话框

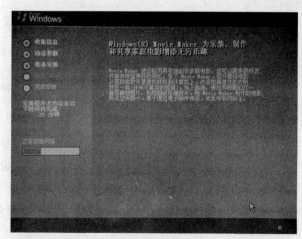

(a) 正在安装网络的进度条

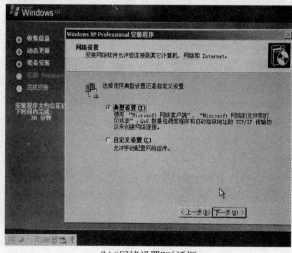

(b)"网络设置"对话框

图 5-21 安装与设置网络连接的界面

注意：在"网络设置"对话框中，有两个单选项，分别是"典型设置"和"自定义设置"。如果对网络的连接设置不太清楚或此时不需要设置，可以选中"典型设置"单选项。

步骤 22 在"网络设置"对话框中单击"下一步"按钮后，安装程序将要求设置工作组或计算机域，会弹出"工作组或计算机域"对话框，如图 5-22 所示。适当设置后（也可以使用默认设置），单击"下一步"按钮。

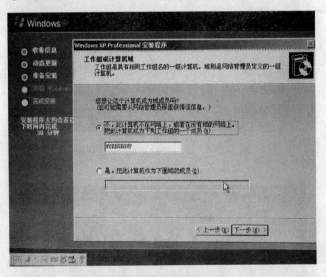

图 5-22 "工作组或计算机域"对话框

步骤 23 在"工作组或计算机域"对话框中单击"下一步"按钮后，安装程序将花较长的一段时间执行复制文件、完成安装、安装"开始"菜单项、注册组件、保存设置和删除已用过的临时文件等一系列不需要人工干预的自动安装与配置工作，分别如图 5-23(a)～(f)所示。

步骤 24 Windows XP 自动安装与配置完成后，系统将会自动地再次重新启动计算机，以使设置生效，如图 5-24 所示。

步骤 25 第二次自动重新启动计算机需要较长的一段时间，请耐心等候。随后将出现"欢迎使用 Microsoft Windows"界面，系统提示将要花几分钟时间来设置计算机，如图 5-25 所示，单击右下角的"下一步"按钮。

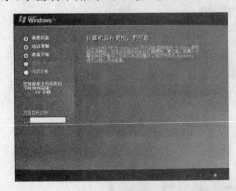

(a) 正在复制文件   (b) 正在完成安装

图 5-23 Windows XP 自动安装与配置过程

(c) 正在安装"开始"菜单项   (d) 注册组件

(e) 保存设置   (f) 删除任何用过的临时文件

图 5-23 （续）

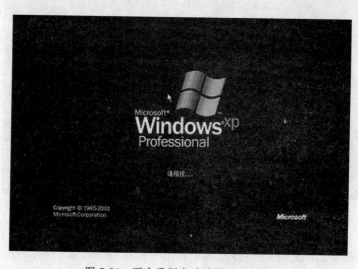

图 5-24 再次重新启动计算机的界面

步骤 26 随后将出现"帮助保护您的电脑"界面，如图 5-26 所示，系统要求设置自动更新选项，可以根据使用计算机的实际情况选中其中某个单选项（建议选中带"推荐"字样的单选项），单击右下角的"下一步"按钮。

图 5-25　"欢迎使用 Microsoft Windows"界面

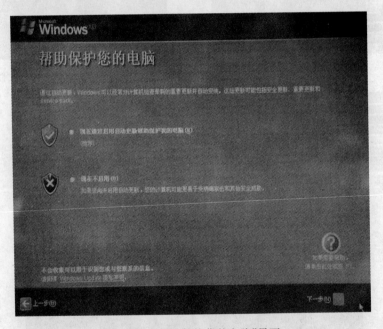

图 5-26　"帮助保护您的电脑"界面

　　步骤 27　随后会出现"正在检查您的 Internet 连接"界面,如图 5-27 所示,系统要求建立拨号连接。如果不想在此时建立拨号连接,则单击"跳过"按钮,否则单击"下一步"按钮开始拨号连接的建立过程。

　　注意:在此建立的宽带拨号连接,不会在桌面上创建拨号连接的快捷方式,并且拨号连接的默认名称为"我的 ISP";而系统安装完毕进入桌面后通过连接向导建立的宽带拨号连接,则会在桌面上创建拨号连接的快捷方式,并且默认的拨号连接名称为"宽带连接"。

图 5-27 "正在检查您的 Internet 连接"界面

步骤 28 单击"正在检查您的 Internet 连接"界面中的"跳过"按钮后,将出现"现在与 Microsoft 注册吗?"界面,如图 5-28 所示,系统提示是否与 Microsoft 联机注册。根据需要选中某个单选项,单击右下角的"下一步"按钮。

图 5-28 与 Microsoft 联机注册界面

注意:此时的注册并不是对 Windows XP 产品的激活,是否注册无关紧要,建议选中"否,现在不注册"单选项。

步骤 29 在随后出现的"谁会使用这台计算机?"界面中,如图 5-29 所示,系统提示在这里可以为使用这台计算机的每位用户分别创建一个单独的用户账号。在"您的姓名"文本框内必须输入将要登录这台计算机的用户名,然后根据具体的使用情况选择性地填写其他文本框中的信息,最后单击右下角的"下一步"按钮。

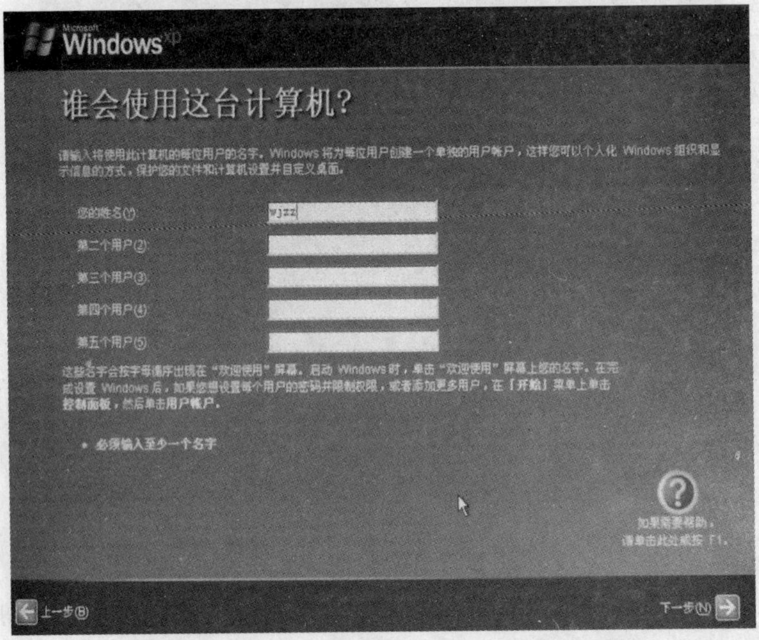

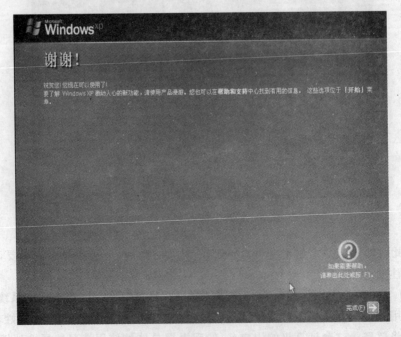

图 5-29　创建用户账号界面

　　注意:在创建用户账号的界面中,必须且至少输入一个用户名,否则"下一步"按钮将无法生效。

　　步骤 30　在随后出现的"谢谢!"界面中,如图 5-30 所示,单击右下角的"完成"按钮结束安装,系统将注销当前用户账号并重新以新用户身份登录。

图 5-30　完成安装的"谢谢!"界面

步骤 31　重新以新用户身份登录这台计算机后,系统将显示 Windows XP 桌面并自动打开"开始"菜单,如图 5-31 所示。

图 5-31　Windows XP 桌面和"开始"菜单

注意:在此时的桌面上,只在右下角有一个"回收站"图标。如果要满足一般使用需求,还需要进行一些必要的桌面属性设置来添加其他程序的快捷方式图标。

步骤 32　为 Windows XP 桌面添加常用功能的图标,如图 5-32 和图 5-33 所示。

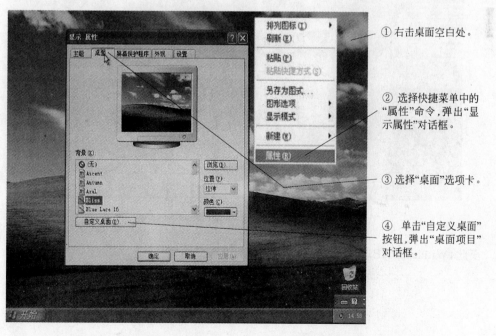

① 右击桌面空白处。

② 选择快捷菜单中的"属性"命令,弹出"显示属性"对话框。

③ 选择"桌面"选项卡。

④ 单击"自定义桌面"按钮,弹出"桌面项目"对话框。

图 5-32　桌面"属性"快捷菜单和"显示 属性"对话框中的"桌面"选项卡

74

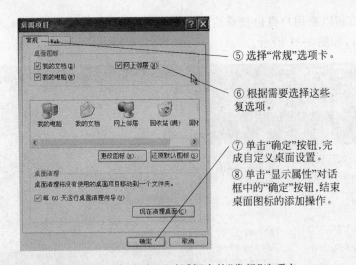

⑤ 选择"常规"选项卡。

⑥ 根据需要选择这些复选项。

⑦ 单击"确定"按钮,完成自定义桌面设置。

⑧ 单击"显示属性"对话框中的"确定"按钮,结束桌面图标的添加操作。

图 5-33 "桌面项目"对话框中的"常规"选项卡

桌面属性设置完成后,将会在桌面上看到新添加的几个图标,如图 5-34 所示。

图 5-34 添加了图标后的 Windows XP 桌面

至此,Windows XP 操作系统的安装和设置流程介绍完毕。

实训项目六　安装设备驱动程序

【实训目的】

了解设备驱动程序的相关概念,掌握自启动和手动安装设备驱动程序与配置相关参数的常用方法,了解设备运转状态以及设备之间是否存在冲突的查看方法。

【实训要求】

(1) 了解设备驱动程序的有关常识。

(2) 了解设备驱动程序的获取方法和常用的安装方法。

(3) 掌握自启动安装设备驱动程序的操作流程。

(4) 掌握如何在"设备管理器"窗口中查看设备驱动状态和如何对带有黄色警告标记选项的处理方法。

(5) 掌握手动安装设备驱动程序和配置相关参数的常用方法。

(6) 了解设备运转状态和是否存在冲突设备的查看方法。

【实训内容和参考步骤】

步骤1　关于设备驱动程序的基本常识。

1) 什么是设备驱动程序

设备驱动程序(Device Driver)简称驱动程序或驱动,指计算机软件(操作系统)与硬件设备之间进行通信的接口程序。操作系统只有通过这些对应的接口,才能控制硬件设备的正常工作。

在完成操作系统的安装之后,还需要安装主板、显卡、声卡和网卡等部件以及打印机、扫描仪、摄像头等外部设备的驱动程序,这样才能使安装和连接到一台计算机上的所有硬件在操作系统的统一控制和管理下构成一个能够流畅运转的有机整体。

驱动程序可以分为官方正式版、微软认证版、第三方驱动和 Beta 测试版等版本。

(1) 官方正式版驱动是指按照芯片厂商的设计而研发出来的驱动程序,它是经过反复的测试和修正,最终通过官方渠道发布出来的正式版驱动程序,又称为公版驱动。

(2) 微软认证版驱动是指微软公司对于各个硬件厂商驱动程序的一个认证,它是为了测试驱动程序与操作系统之间的相容性及稳定性而制定的。

(3) 第三方驱动一般是指由硬件产品 OEM 厂商发布的、基于官方驱动经过优化而成的驱动程序,它拥有稳定性和兼容性好,基于官方正式版驱动优化并且比官方正式版拥有更加完善的功能和更加强劲的整体性能等特性。

（4）测试版驱动是指正处于测试阶段而尚未正式发布的驱动程序,这类驱动往往具有稳定性不够高,与操作系统的兼容性相对较差等缺陷。

目前主板上大都集成了声卡、网卡甚至显卡,各个生产厂商都会针对自己的硬件产品提供相应的驱动盘,有些驱动盘放入光驱后即可自动打开安装界面,其安装向导会提示用户逐一地安装各种驱动程序。对于不能自动打开安装界面的驱动盘,可以通过浏览光盘内容查看到相应驱动的文件夹,一般标有 inf 的文件夹为主板驱动,audio 或 sound 文件夹为声卡驱动,avg 文件夹为显卡驱动,usb 文件夹为 USB 接口驱动,lan 文件夹为网卡驱动等。

2）硬件产品型号的识别及相应驱动程序的获取

在安装驱动程序之前,应当根据硬件产品的型号来获取相应的驱动程序。如果所安装的驱动程序与硬件型号不一致,则将造成该硬件无法使用,或与其他硬件产生冲突,甚至使得整个计算机系统无法正常运行等故障。

硬件产品型号可以通过以下方式或途径获得：查看硬件产品附带的说明书,或利用一些硬件测试软件获得相关的硬件信息,或通过该硬件的主芯片进行识别等。

掌握了硬件的具体型号以后,可以通过以下途径来查找并获得相对应的驱动程序：通过硬件产品附带的驱动程序盘,或操作系统本身提供的大量通用型驱动程序,或通过相应网站进行下载等。

3）安装驱动程序的常用方法

在安装 PnP（即插即用）型操作系统的过程中,大多数系统部件和常用的外部设备都可以由操作系统自动识别并能够自动安装它们的驱动程序。对于这些已经驱动的硬件,就不需要再另行安装它们的驱动程序了。而对于那些不能由 PnP 型操作系统自动识别并驱动的硬件,则必须通过手动方式来安装它们的驱动程序。

安装驱动程序的常用方法一般有以下几种。

（1）系统自动配置：在安装操作系统时由操作系统自动配置完成,不需手工操作。

（2）自启动安装：目前绝大多数驱动程序的安装光盘属于自启动安装程序型,在这些驱动光盘上带有一个 AutoRun 自运行文件,只要在光驱中放入了这种驱动盘,即可自动运行安装程序并弹出安装界面,提示各个驱动程序的选项信息,指导安装过程。

（3）驱动盘自带可执行文件：如果驱动盘不能自启动安装,则通常会在这种驱动盘上找到如下两种形式的可执行文件。

① Setup 是需要双击其图标才能运行安装程序的可执行文件;

② Install 是需要在 DOS 命令行方式下输入该文件名及安装路径后才能运行的可执行批处理文件,目前这种形式的安装程序文件已经极为罕见了。

（4）更新驱动或硬件扫描：在"设备管理器"窗口中,通过单击"更新驱动程序"按钮或"扫描检测硬件改动"按钮或执行相应的菜单命令来启动安装过程。

（5）添加新硬件：利用"添加硬件向导"系列对话框可以让系统对硬件进行自动检测并对检测到的新硬件提示安装其驱动程序。

步骤 2　驱动程序的自启动安装方法。

下面以主板驱动程序为例,介绍自启动安装的方法,如图 6-1～图 6-7 所示。

① 将主板驱动程序安装光盘放入光驱,稍待片刻,系统将自动启动安装程序,弹出主板安装界面。

② 单击该选项,开始安装主板芯片组驱动。

图 6-1　主板驱动程序安装界面

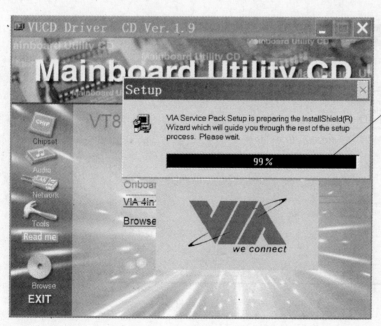

③ 正在准备自动安装向导的进度条。

图 6-2　自动安装向导对话框

实训项目六

安装设备驱动程序

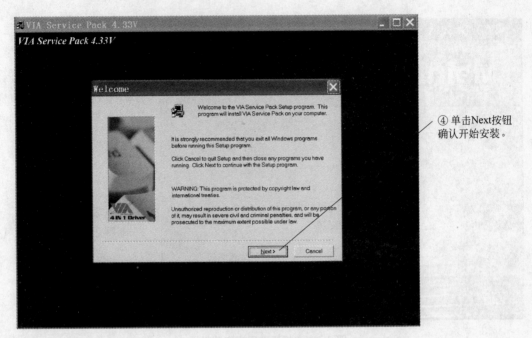

④ 单击Next按钮
确认开始安装。

图 6-3　开始安装对话框

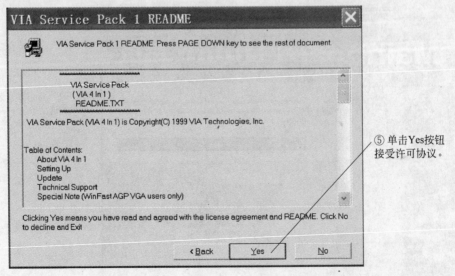

⑤ 单击Yes按钮
接受许可协议。

图 6-4　接受许可协议对话框

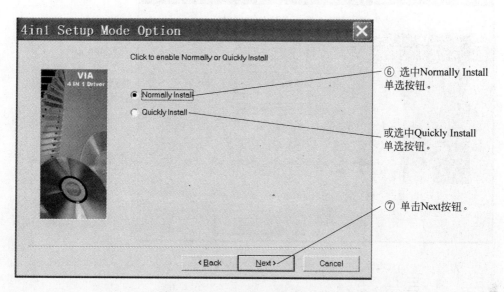

⑥ 选中Normally Install
单选按钮。

或选中Quickly Install
单选按钮。

⑦ 单击Next按钮。

图 6-5　指定安装方式选项对话框

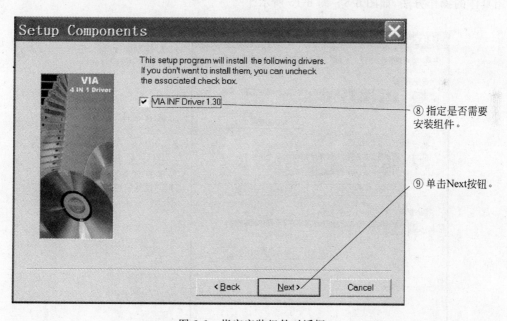

⑧ 指定是否需要
安装组件。

⑨ 单击Next按钮。

图 6-6　指定安装组件对话框

安装设备驱动程序

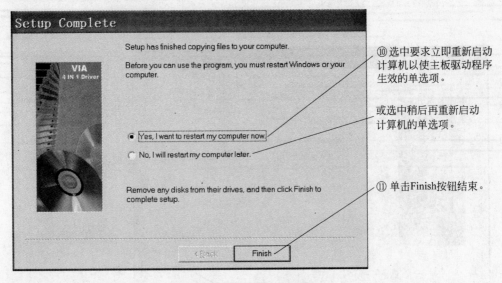

⑩ 选中要求立即重新启动
计算机以使主板驱动程序
生效的单选项。

或选中稍后再重新启动
计算机的单选项。

⑪ 单击Finish按钮结束。

图 6-7　完成安装对话框

步骤 3　驱动程序的手动安装方法。

1) 利用"自动搜索"功能安装驱动程序

这种方法适用于已经附带有相应的驱动程序光盘的情况。下面以安装声卡驱动为例，
介绍具体的操作方法，如图 6-8～图 6-15 所示。

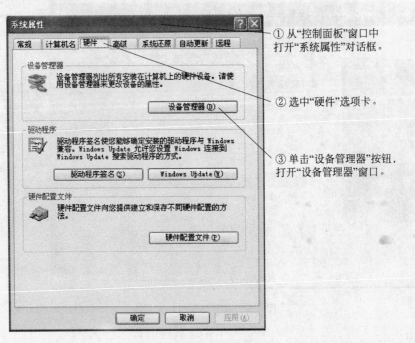

① 从"控制面板"窗口中
打开"系统属性"对话框。

② 选中"硬件"选项卡。

③ 单击"设备管理器"按钮，
打开"设备管理器"窗口。

图 6-8　"系统属性"对话框

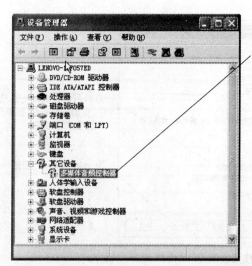

④ 在带有黄色"?"标记的"其他设备"中,发现"多媒体音频控制器"选项前面带有一个黄色的"?"和"!"警告标记,这表明声卡的驱动程序没有安装或安装不正确。单击选中该选项。

图 6-9 "设备管理器"窗口

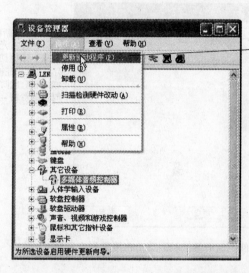

⑤ 选择"操作"菜单中的"更新驱动程序"命令(或在带有警告标记的选项名称上右击,选择快捷菜单中的"更新驱动程序"命令,或单击窗口工具栏上的"更新驱动程序"按钮),打开"硬件更新向导"对话框。

图 6-10 "更新驱动程序"的菜单命令

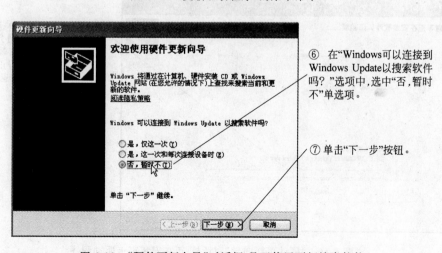

⑥ 在"Windows可以连接到 Windows Update以搜索软件吗?"选项中,选中"否,暂时不"单选项。

⑦ 单击"下一步"按钮。

图 6-11 "硬件更新向导"对话框-是否使用更新搜索软件

82

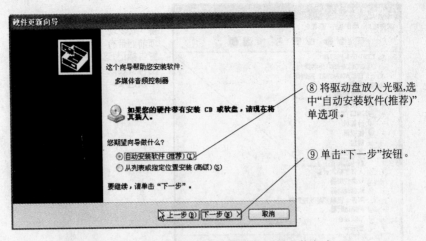

⑧ 将驱动盘放入光驱,选中"自动安装软件(推荐)"单选项。

⑨ 单击"下一步"按钮。

图 6-12 "硬件更新向导"对话框-选择安装方式

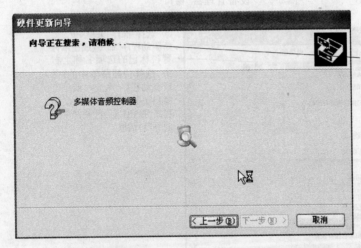

⑩ "硬件更新向导"随后将开始搜索光盘和其他位置上的驱动程序并提示"向导正在搜索,请稍候"信息,此时需要一定时间的等待。

图 6-13 "硬件更新向导"对话框-正在搜索相应程序

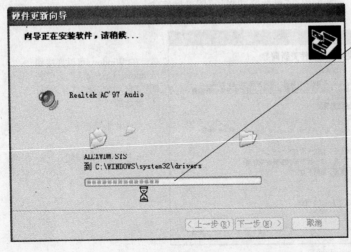

⑪ "硬件更新向导"自动搜索到相应的驱动程序后,将会自动开始声卡驱动程序的安装过程并在对话框中显示"向导正在安装软件,请稍候"提示信息及安装进度。

图 6-14 "硬件更新向导"对话框-正在安装声卡驱动程序

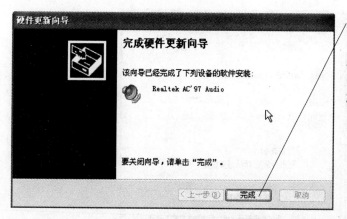

⑫ "硬件更新向导"完成了声卡驱动程序的安装后,将弹出"完成硬件更新向导"对话框并提示"该向导已完成了下列设备的软件安装:Realtek AC'97 Audio"信息。单击"完成"按钮结束安装过程。

图 6-15 "硬件更新向导"对话框-完成安装

注意:如果没有找到正确的设备驱动程序,则会弹出安装失败对话框,此时应先检查放入光驱的驱动程序安装光盘是否正确,然后利用"上一步"按钮重新进行自动搜索。

完成声卡驱动程序的安装后,再回到"设备管理器"窗口中查看时,发现带有黄色警告标记的选项消失了,而新增了一个 Realtek AC'97 Audio 选项,如图 6-16 所示,表明声卡驱动安装正确。

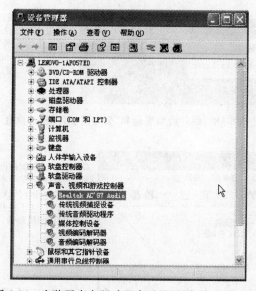

图 6-16 安装了声卡驱动程序后的"设备管理器"窗口

另外,在"控制面板"窗口中,双击"声音和音频设备"图标,将会弹出"声音和音频设备 属性"对话框,如图 6-17 所示。在"音量"选项卡中,选中"将音量图标放入任务栏"复选框,单击"确定"按钮确认后,将会发现在任务栏右侧多出了一个 "小喇叭"图标。双击这个"小喇叭"图标,就可以在弹出的 Front Speaker 对话框中对各种音频设备进行音量大小的调节了。

2)从指定路径安装驱动程序

如果已经知道某个硬件的具体型号和相应的驱动程序所在的具体位置,则可以选择从指定路径来安装该硬件的驱动程序。

84

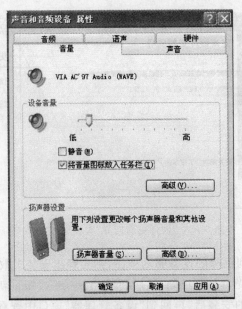

图 6-17 "声音和音频设备 属性"对话框

下面以打印机驱动程序为例,介绍其安装和设置方法,如图 6-18～图 6-28 所示。

①连接好打印机并重新启动计算机后,发现在屏幕右下角的任务栏上出现硬件检测图标,同时显示"发现新硬件"提示。

图 6-18 硬件检测图标和"发现新硬件"提示信息

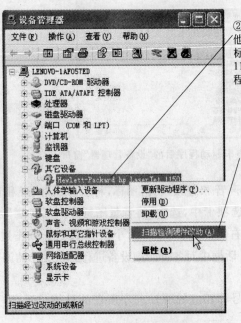

②打开"设备管理器"窗口,发现"其他设备"下面有一个带有黄色警告标记的Hewlett-Packard hp LaserJet 1150选项,这正是将要安装其驱动程序的打印机型号。

③右击该选项,选择快捷菜单中的"扫描检测硬件改动"命令,将弹出"找到新的硬件向导"系列对话框。

图 6-19 "扫描检测硬件改动"的快捷菜单命令

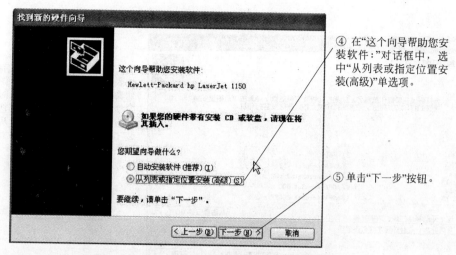

④ 在"这个向导帮助您安装软件:"对话框中，选中"从列表或指定位置安装(高级)"单选项。

⑤ 单击"下一步"按钮。

图 6-20 "找到新的硬件向导"对话框-选择安装方式

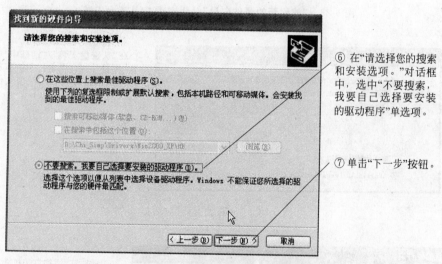

⑥ 在"请选择您的搜索和安装选项。"对话框中，选中"不要搜索，我要自己选择要安装的驱动程序"单选项。

⑦ 单击"下一步"按钮。

图 6-21 "找到新的硬件向导"对话框-选择搜索方式

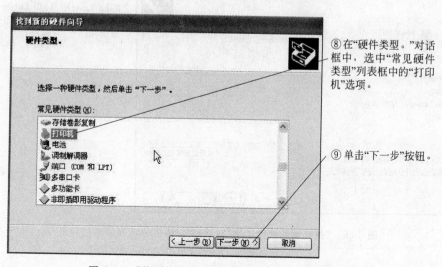

⑧ 在"硬件类型。"对话框中，选中"常见硬件类型"列表框中的"打印机"选项。

⑨ 单击"下一步"按钮。

图 6-22 "找到新的硬件向导"对话框-选择硬件类型

安装设备驱动程序

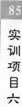

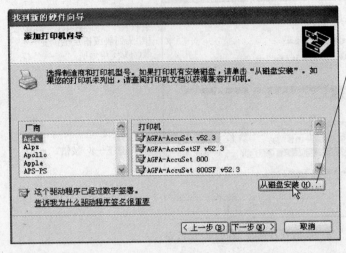

⑩ 在"添加打印机向导"对话框中,左列表框中列出的是生产厂商名称,右列表框中列出的是相应厂商的打印机型号。由于在列表框中未找到所要安装的打印机型号,因此单击"从磁盘安装"按钮,开始手动安装打印机的驱动程序。

图 6-23 "找到新的硬件向导"对话框-指定从磁盘安装

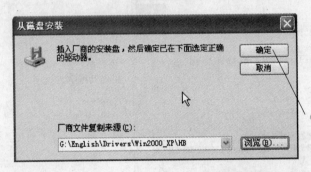

⑪ 在"从磁盘安装"对话框中,单击"浏览"按钮,指定打印机驱动程序所在位置和驱动程序文件名(后缀名为.inf的文件)。

⑫ 单击"确定"按钮。

图 6-24 "从磁盘安装"对话框

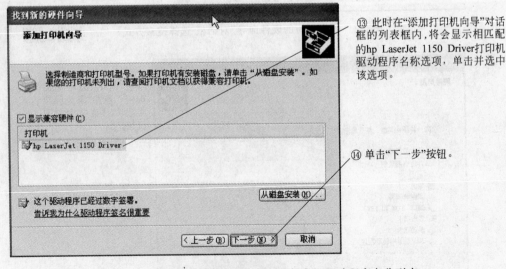

⑬ 此时在"添加打印机向导"对话框的列表框内,将会显示相匹配的hp LaserJet 1150 Driver打印机驱动程序名称选项,单击并选中该选项。

⑭ 单击"下一步"按钮。

图 6-25 "找到新的硬件向导"对话框-打印机驱动程序名称列表

注意：如果在列表框内同时出现了几种不同型号的打印机驱动程序名称，则需要根据实际使用的打印机型号选择相匹配的打印机驱动程序；如果在列表框内未列出打印机驱动程序名称，则说明指定的打印机驱动程序的所在路径或文件名出现错误，可以利用"上一步"按钮重新指定正确的路径或文件名。

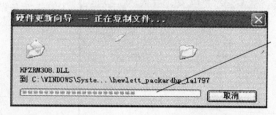

⑮"找到新的硬件向导"随后会自动地把相应的驱动程序文件复制到硬盘上，并在"硬件更新向导"对话框中显示文件复制过程的进度条。

图 6-26　正在复制文件的"硬件更新向导"对话框

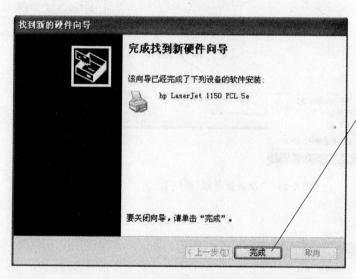

⑯ 文件复制完成后，将弹出"完成找到新硬件向导"对话框，单击"完成"按钮，结束打印机驱动程序的安装过程。

图 6-27　"找到新的硬件向导"对话框-完成安装

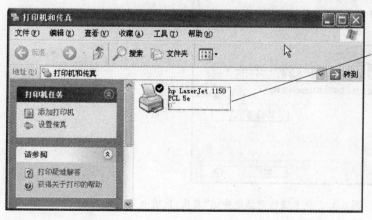

⑰从"控制面板"窗口中打开"打印机和传真"窗口，可以看到已经成功安装的打印机图标。

图 6-28　"打印机和传真"窗口

步骤4 查看设备运转状态和是否存在冲突设备。

下面以显卡为例,介绍在"设备管理器"窗口中查看设备运转状态以及显卡与其他硬件之间是否存在冲突的操作方法,如图6-29～图6-31所示。

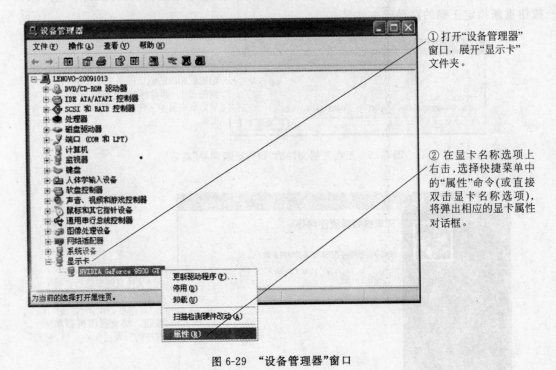

① 打开"设备管理器"窗口,展开"显示卡"文件夹。

② 在显卡名称选项上右击,选择快捷菜单中的"属性"命令(或直接双击显卡名称选项),将弹出相应的显卡属性对话框。

图6-29 "设备管理器"窗口

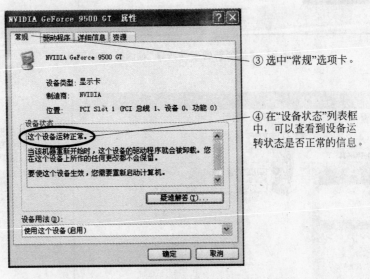

③ 选中"常规"选项卡。

④ 在"设备状态"列表框中,可以查看到设备运转状态是否正常的信息。

图6-30 显卡属性对话框中的"常规"选项卡

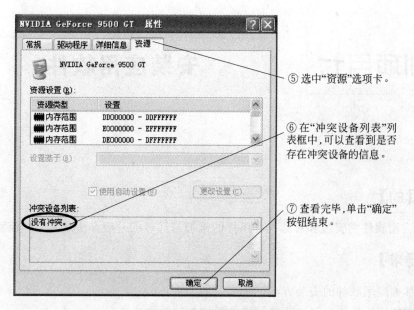

⑤ 选中"资源"选项卡。

⑥ 在"冲突设备列表"列表框中，可以查看到是否存在冲突设备的信息。

⑦ 查看完毕，单击"确定"按钮结束。

图 6-31　显卡属性对话框中的"资源"选项卡

　　成功地安装了各种部件和外部设备的驱动程序，重新启动计算机以使驱动生效之后，系统中不应当存在相互冲突的硬件或带有黄色警告标记的选项了。

　　至此，设备驱动程序的安装、设置和查看设备运转状态的操作方法介绍完毕。

实训项目七　　安装应用软件

【实训目的】

掌握应用软件的安装和可选程序组件的添加与卸载的一般方法及其操作流程。

【实训要求】

(1) 掌握应用软件的安装方法。

(2) 掌握应用软件中可选程序组件的添加与卸载方法。

【实训内容和参考步骤】

本实训以 Microsoft Office 2003 为例,介绍应用软件的安装和对软件中个别程序组件进行安装调整的一般方法及其操作流程。

步骤 1　安装 Microsoft Office 2003 应用软件。

(1) 将 Office 2003 安装光盘放入光驱,系统会从光驱上直接读取光盘中的 autorun 文件,自动启动 Office 2003 安装程序。

如果安装程序不能从光驱自启动,则可以在打开的"我的电脑"或"资源管理器"窗口中找到 Office 2003 安装光盘上的"SETUP. EXE"安装程序文件,如图 7-1 所示,双击 SETUP 图标,即可启动安装程序。

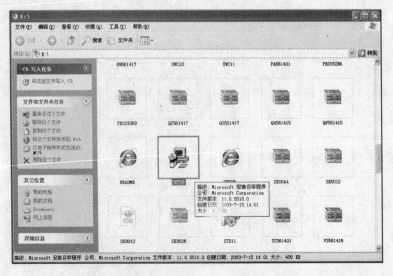

图 7-1　Microsoft Office 2003 安装光盘上的 SETUP 安装程序图标

（2）安装程序启动后，将弹出"正在准备安装"提示框，如图7-2所示。随后会弹出"产品密钥"对话框，如图7-3所示。

图7-2　"正在准备安装"提示框

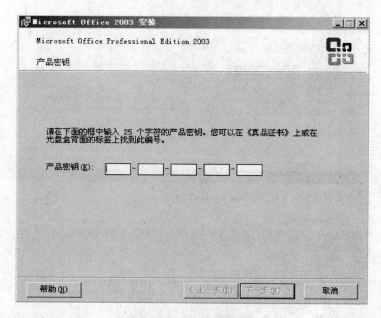

图7-3　"产品密钥"对话框

（3）在"产品密钥"对话框中，按照给定的序列号输入5组共25个字符的密码。

注意：正版软件的产品密钥（即序列号）可以在随盘附带的说明书或盘盒标签上找到。

（4）密码输入完毕并检查无误后，单击"下一步"按钮。

（5）在随后弹出的"用户信息"对话框中，如图7-4所示，根据实际情况输入"用户名"和"单位"等信息。

（6）用户信息输入完毕后，单击"下一步"按钮。

（7）在随后弹出的"最终用户许可协议"对话框中，如图7-5所示，只有选中"我接受《许可协议》中的条款"复选框，才能单击"下一步"按钮继续安装。

（8）在随后弹出的"安装类型"对话框中，如图7-6所示，可以根据所用硬盘的空间大小和是否能够满足使用需要等具体情况选择一种安装类型。

注意：在"安装类型"对话框中，"典型安装"需要占用1109MB的硬盘空间，"最小安装"需要691MB，"完全安装"需要1386MB。如果想要将Office 2003安装到其他磁盘分区中，

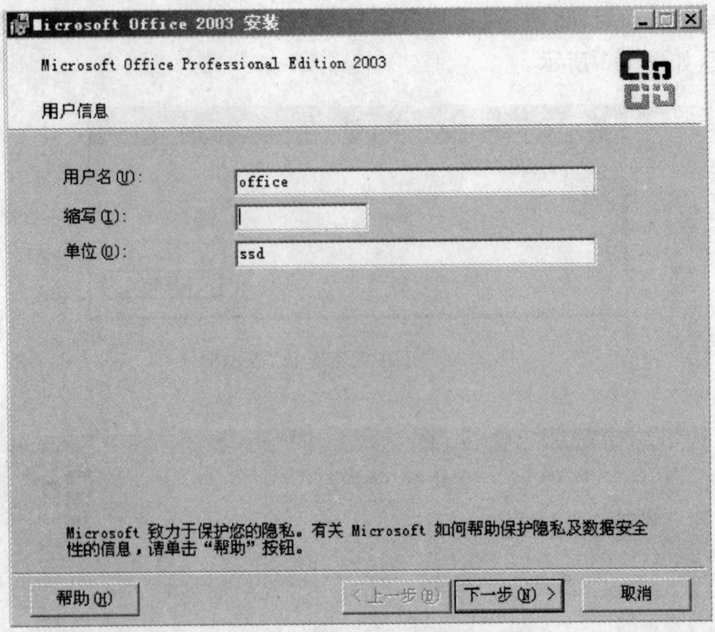

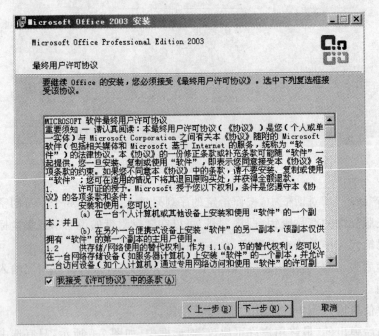

图 7-4 "用户信息"对话框

图 7-5 "最终用户许可协议"对话框

则可以单击"浏览"按钮,在随后弹出的对话框中指定安装位置。为了节省硬盘空间,或考虑到实际使用情况,也可以选中"自定义安装"单选项,弹出"自定义安装"对话框,如图 7-7 所示,将不需要安装的可选组件的选中状态取消掉。

(9)指定了安装类型后,单击"下一步"按钮。

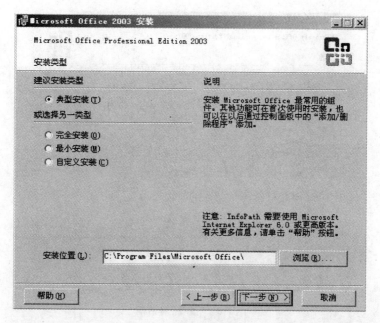

图 7-6 "安装类型"对话框

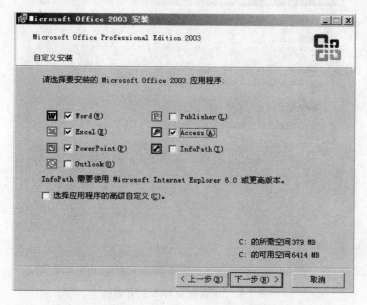

图 7-7 "自定义安装"对话框

（10）在随后弹出的"摘要"对话框中，如图 7-8 所示，安装程序会根据指定安装的可选组件情况列出应用程序清单。在确认安装这些应用程序后，单击"安装"按钮。

（11）在随后弹出的"正在安装 Office"对话框中，如图 7-9 所示，安装程序将按照选项要求开始安装进程，将可选组件中的程序文件复制到指定位置，并显示安装进度。

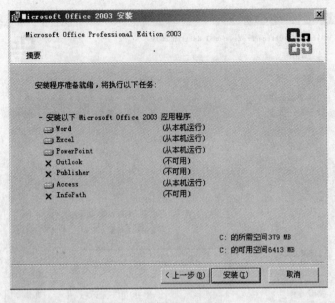

图 7-8 "摘要"对话框

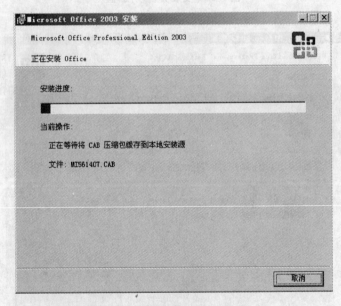

图 7-9 "正在安装 Office"对话框

　　(12) 安装完成后,将弹出"安装已完成"对话框,如图 7-10 所示,单击"完成"按钮,Office 2003 的整个安装过程结束。

　　注意:为了节省硬盘空间,可以在"安装已完成"对话框中选中"删除安装文件"复选框,它能够将刚才在安装进程中复制到硬盘上的一些临时文件全部删除掉。

　　至此,Microsoft Office 2003 应用软件安装完毕。

　　如果想要查看 Office 2003 程序组件的安装情况,可以通过选择"开始"→"程序"→"Microsoft Office"下的各个选项来进行查看,如图 7-11 所示。

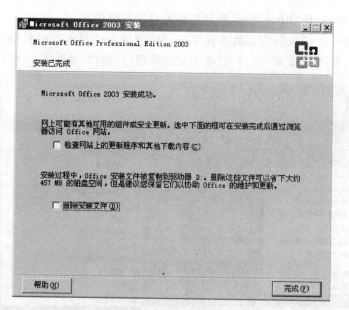

图 7-10 "安装已完成"对话框

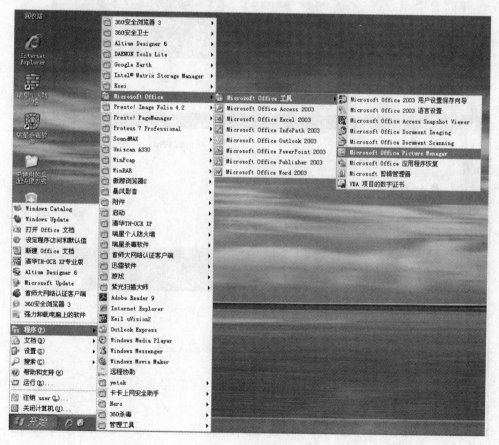

图 7-11 已安装的 Microsoft Office 2003 程序组件

步骤2　Microsoft Office 2003程序组件的添加与卸载。

（1）将Office 2003安装光盘放入光驱，选择"开始"→"设置"→"控制面板"→"添加或删除程序"命令，如图7-12所示，打开"添加或删除程序"窗口，如图7-13所示。

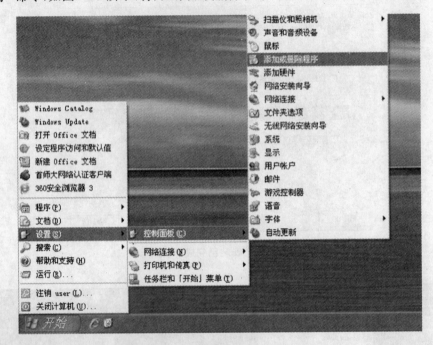

图7-12　"添加或删除程序"菜单命令

图7-13　"添加或删除程序"窗口

（2）在"添加或删除程序"窗口中，选中已经成功安装的 Office 2003 程序项，单击右侧的"更改"按钮，将弹出"Microsoft Office 2003 安装"系列对话框中的第一个对话框——"维护模式选项"对话框，如图 7-14 所示。

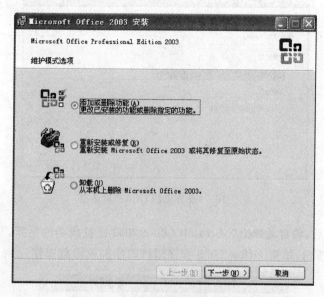

图 7-14 "维护模式选项"对话框

（3）在"维护模式选项"对话框中，选中"添加或删除功能"单选项，单击"下一步"按钮。

注意：如果选中"重新安装或修复"单选项，则可以重新安装 Office 2003 或将其修复为原始状态；如果选中"卸载"单选项，则可以将 Office 2003 从本机上全部卸载。

（4）在随后弹出的"自定义安装"对话框中，如图 7-15 所示，可以根据安装或卸载程序组件的具体情况选中或取消选中相应的程序复选框，然后单击"更新"按钮。

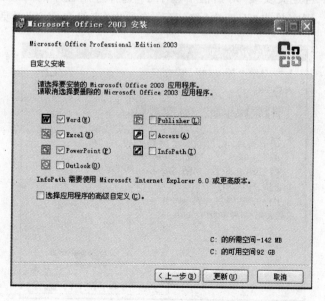

图 7-15 "自定义安装"对话框

安装应用软件

98

（5）在随后弹出的"现在更新 Office"对话框中，如图 7-16 所示，安装程序将按照指定的选项要求自动进行组件更新，并显示当前操作的进度。

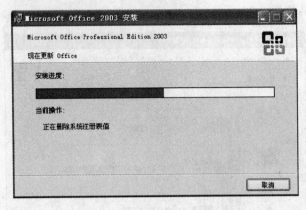

图 7-16　"现在更新 Office"对话框

（6）更新完成后，将自动弹出"Microsoft Office 2003 已被成功地更新。"提示框，如图 7-17 所示，单击"确定"按钮，结束 Office 2003 程序组件的添加或卸载操作。

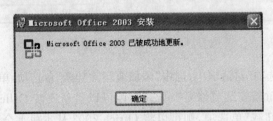

图 7-17　更新完成提示框

注意：如果在"自定义安装"对话框中选中了"选择应用程序的高级自定义(C)。"复选框，如图 7-18 所示，则在单击"下一步"按钮后，将弹出"高级自定义"对话框，如图 7-19 所

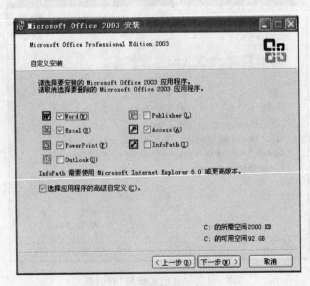

图 7-18　"自定义安装"对话框

示。在该对话框的"请选择应用程序和工具的更新选项"列表框中,单击程序组件前面的选项按钮,可以从打开的下拉菜单中选择符合安装或卸载要求的命令,如图7-20所示。

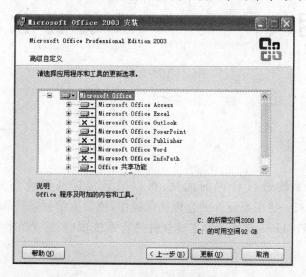

图 7-19 "高级自定义"对话框

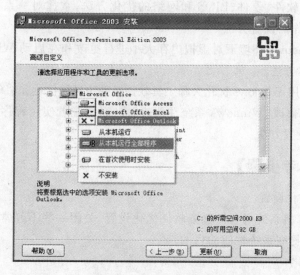

图 7-20 "高级自定义"对话框中的选项菜单

至此,安装应用软件和对个别程序组件进行调整的方法介绍完毕。

实训项目七

安装应用软件

实训项目八 系统优化

【实训目的】

对微型计算机系统进行合理的优化，可以明显地提高系统性能。本实训通过对 Windows 操作系统和一些主要硬件的合理优化操作，使学生掌握系统和硬件性能优化的基本方法，学会利用 Windows 优化大师工具软件进行系统清理、维护和性能提升等方面的有效方法。

【实训要求】

（1）了解对系统软件、硬件、BIOS 和网络的优化方法，掌握对一系列优化选项进行禁用、选择和更改等操作的设置方法。

（2）掌握在 Windows 环境下对虚拟内存大小进行更改和在启动 Windows 时减少自动启动的程序项的基本方法。

（3）重点掌握利用 Windows 优化大师工具软件对系统进行优化和清理维护的有效方法。

（4）通过调用和修改"Windows 系统注册表"或"系统配置实用程序"，了解对系统的启动速度进行优化的设置方法。

【实训内容和参考步骤】

步骤 1　软件优化设置。

通过对微型计算机系统进行一系列软件优化设置，关闭一些不经常使用或根本不使用的软件功能，以达到提高系统性能的目的。

1）系统常规优化

为了解决过多的启动项目会严重影响系统启动速度的问题，可以通过自定义启动项目的设置，将不需要启动的项目关闭，从而加速系统的启动，其操作方法如下。

（1）选择"开始"→"运行"命令，弹出"运行"对话框，如图 8-1 所示。

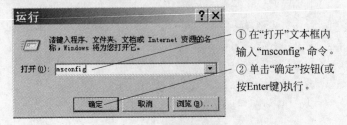

图 8-1　"运行"对话框

（2）在随后弹出的"系统配置实用程序"对话框中进行相应设置，如图 8-2 所示。

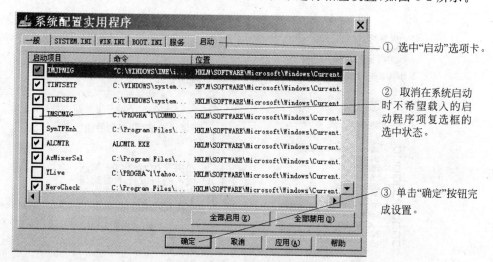

图 8-2　"系统配置实用程序"对话框的"启动"选项卡

2）系统内存优化

在系统内存较小的情况下，为了能够流畅地使用 Windows 操作系统，可以付出一些减少特殊效果方面的代价进行系统内存优化。

例如，要想关闭"视觉效果"，可以按照如下的操作方法进行设置。

选择"开始"→"设置"→"控制面板"→"系统"命令（或右击"我的电脑"图标，在弹出的快捷菜单中选择"属性"命令），弹出"系统属性"对话框，如图 8-3 所示。

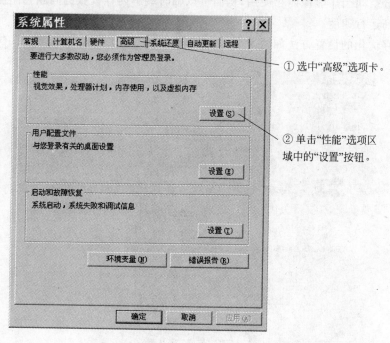

图 8-3　"系统属性"对话框的"高级"选项卡

在随后弹出的"性能选项"对话框中,选中"视觉效果"选项卡,进行相应的设置,如图 8-4 所示。

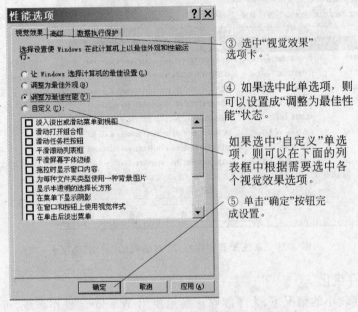

③ 选中"视觉效果"选项卡。

④ 如果选中此单选项,则可以设置成"调整为最佳性能"状态。

如果选中"自定义"单选项,则可以在下面的列表框中根据需要选中各个视觉效果选项。

⑤ 单击"确定"按钮完成设置。

图 8-4 "性能选项"对话框的"视觉效果"选项卡

3)虚拟内存优化

在物理内存不够用的情况下,通过对虚拟内存进行优化设置,Windows 系统会自动将硬盘中的部分空间当作虚拟内存使用,从而可以临时缓解内存紧张的问题,并且能够提升系统性能和提高运行速度。

虚拟内存优化的设置方法如图 8-5～图 8-8 所示。

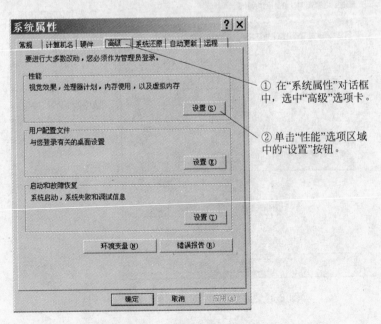

① 在"系统属性"对话框中,选中"高级"选项卡。

② 单击"性能"选项区域中的"设置"按钮。

图 8-5 "系统属性"对话框

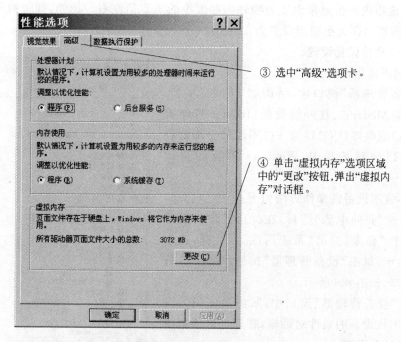

③ 选中"高级"选项卡。

④ 单击"虚拟内存"选项区域中的"更改"按钮,弹出"虚拟内存"对话框。

图 8-6　"性能选项"对话框

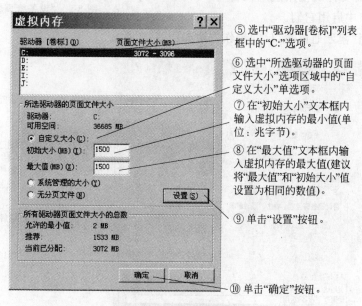

⑤ 选中"驱动器[卷标]"列表框中的"C:"选项。

⑥ 选中"所选驱动器的页面文件大小"选项区域中的"自定义大小"单选项。

⑦ 在"初始大小"文本框内输入虚拟内存的最小值(单位:兆字节)。

⑧ 在"最大值"文本框内输入虚拟内存的最大值(建议将"最大值"和"初始大小"值设置为相同的数值)。

⑨ 单击"设置"按钮。

⑩ 单击"确定"按钮。

图 8-7　"虚拟内存"对话框

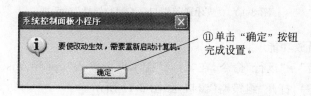

⑪ 单击"确定"按钮完成设置。

图 8-8　要求重新启动计算机的提示框

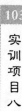

注意：虚拟内存值通常设置为物理内存大小的 1.5 倍左右。例如，如果物理内存容量为 1GB，则虚拟内存大小应当设置为 1.5GB。

步骤 2　硬件优化设置。

1）关闭不常用设备

在"设备管理器"窗口中，将诸如 PCMCIA 卡、调制解调器（Modem）、红外线设备（IrDA）、打印机端口（LPT1）或串口（COM）等一些不经常使用的设备停用，可以明显地提升 Windows 系统的运行效率。

关闭不常用设备的操作方法如下：

（1）右击"我的电脑"图标，在弹出的快捷菜单中选择"属性"命令，弹出"系统属性"对话框，选中"硬件"选项卡，单击"设备管理器"按钮，打开"设备管理器"窗口，如图 8-9 所示。

（2）在"设备管理器"窗口中，双击要停用的设备名称，弹出该设备的属性对话框，在属性对话框中进行相应的选项设置。

注意：当需要再次使用这些设备时，可以从"设备管理器"窗口中启用它们。

图 8-9　"设备管理器"窗口

例如，关闭"蓝牙通信端口"的操作方法如图 8-10 所示。

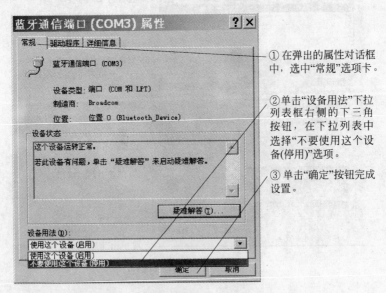

① 在弹出的属性对话框中，选中"常规"选项卡。

② 单击"设备用法"下拉列表框右侧的下三角按钮，在下拉列表中选择"不要使用这个设备(停用)"选项。

③ 单击"确定"按钮完成设置。

图 8-10　"蓝牙通信端口（COM3）属性"对话框

2）关闭自动播放功能

（1）选择"开始"→"运行"命令，在"打开"文本框内输入"gpedit.msc"命令，单击"确定"按钮（或按 Enter 键），打开"组策略"窗口，如图 8-11 所示。

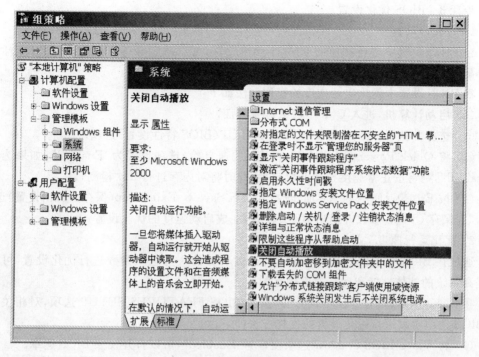

图 8-11 "组策略"窗口

（2）在"组策略"窗口的左窗格中，依次展开"计算机配置"→"管理模板"→"系统"选项。

（3）在"组策略"窗口的右窗格中，双击"设置"列表框中的"关闭自动播放"选项，在弹出的"关闭自动播放 属性"对话框中，如图 8-12 所示，选中"已启用"单选项，单击"关闭自动播放"下拉列表框右侧的下三角按钮，在下拉列表中选择"所有驱动器"选项，单击"确定"按钮完成设置。

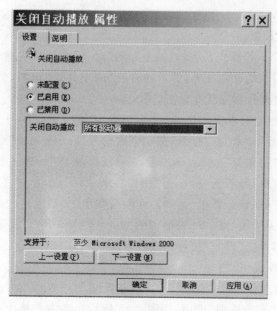

图 8-12 "关闭自动播放 属性"对话框

105

实训项目八

系统优化

步骤 3　BIOS 优化设置。

1）优化启动速度

在 BIOS 设置中进行相应的 CMOS 参数设置，可以减少等待开机的硬件自检时间，加速 Windows 系统的启动。

在 BIOS 设置中优化启动速度的操作方法如下：

（1）启动计算机，进入 CMOS 参数设置界面。

（2）选择并执行 BIOS FEATURES SETUP（BIOS 特性设置）选项。

（3）将 Quick Power On Self Test（开机快速自检）选项设置为"Enabled"（如果选择了"Disabled"，则将按正常速度执行开机自检，此时将对内存进行 3 次检测）。

（4）按 Esc 键返回主菜单界面，选择并执行 Save & Exit Setup（保存并退出设置）选项，按"y"键保存 CMOS 参数并退出 BIOS 设置，完成启动速度的优化设置。

2）优化运行速度

通过在 BIOS 设置中对与计算机运行速度有关的一些选项参数进行优化设置，可以达到提高系统的整体性能和运行速度的目的。

在 CMOS 参数设置界面中，选择并执行 BIOS FEATURES SETUP 选项，对相关的一些 BIOS 选项参数进行优化设置的操作方法如下：

（1）将 Video BIOS Shadow 选项设置为"Enabled"，可以打开视频 BIOS 遮罩。

（2）将 System BIOS Cacheable 选项设置为"Enabled"，可以打开系统 BIOS 缓存。

（3）将 Video BIOS Cacheable 选项设置为"Enabled"，可以打开视频 BIOS 缓存。

3）优化显示速度

在 CMOS 参数设置界面中，选择并执行 BIOS FEATURES SETUP 选项，对相关的一些 BIOS 选项参数进行优化设置的操作方法如下：

（1）将 On-chip Video Windows Size 选项设置为内存容量 25% 的字节数，可以增加板载显卡显示内存的容量大小。

（2）将 Video RAM Cacheable 选项设置为"Enabled"，可以打开显卡 RAM 缓存。

步骤 4　网络优化设置。

在使用 Windows XP 等操作系统的"网上邻居"时，系统将会先搜索共享目录和网络共享打印机以及与网络相关的计划任务，然后才打开"网上邻居"窗口，为了提高访问速度，可以采取如下的操作方法进行网络优化设置。

1）拒绝 Guest 用户访问本机

选择"开始"→"运行"命令，在"打开"文本框内输入"gpedit.msc"命令，单击"确定"按钮（或按 Enter 键），打开"组策略"窗口，在左窗格中依次展开"计算机配置"→"Windows 设置"→"安全设置"→"本地策略"选项，单击"用户权利指派"选项，如图 8-13 所示，在右窗格中双击"拒绝从网络访问这台计算机"选项。在随后弹出的"拒绝从网络访问这台计算机 属性"对话框中，如图 8-14 所示，选中列表框内的 Guest 选项，单击"删除"按钮，即可删除"组策略"中的 Guest 账号，单击"确定"按钮完成设置。

2）更改网络访问模式

在"组策略"窗口的左窗格中，依次展开"计算机配置"→"Windows 设置"→"安全设置"→"本地策略"选项，单击"安全选项"选项，如图 8-15 所示。在右窗格中双击"网络访问：本地

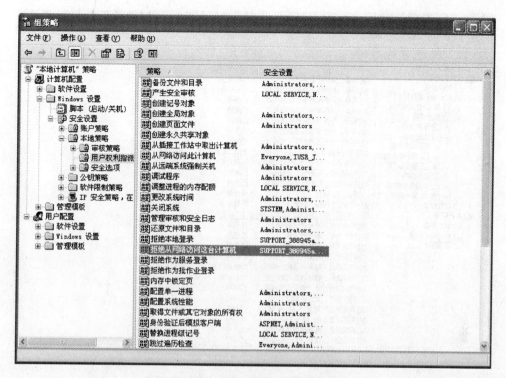

图 8-13 "组策略"窗口-用户权指派

图 8-14 "拒绝从网络访问这台计算机 属性"对话框

账户的共享和安全模式"选项,在随后弹出的"网络访问:本地账户的共享和安全模式 属性"对话框中,如图 8-16 所示,在下拉列表框中将"仅来宾—本地用户以来宾身份验证"选项更改为"经典-本地用户以自己的身份验证"选项,单击"确定"按钮完成设置。

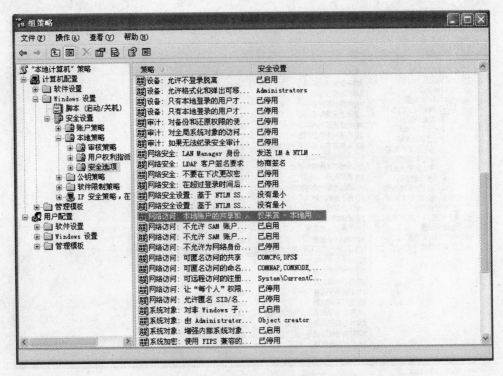

图 8-15 "组策略"窗口-更改网络访问模式

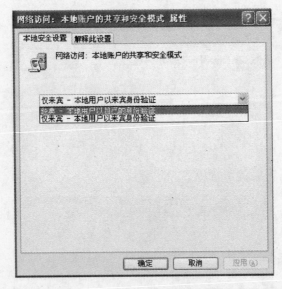

图 8-16 "网络访问：本地账户的共享和安全模式 属性"对话框

3) 解除空口令限制

在打开的"组策略"窗口的左窗格中，选中"安全选项"选项，如图 8-17 所示。在右窗格中双击"账户：使用空白密码的本地账户只允许进行控制台登录"选项。在随后弹出的"账户：使用空白密码的本地账户只允许进行控制台登录 属性"对话框中，选中"已禁用"单选项,如图 8-18 所示,单击"确定"按钮完成设置。

图 8-17 "组策略"窗口-解除空口令限制

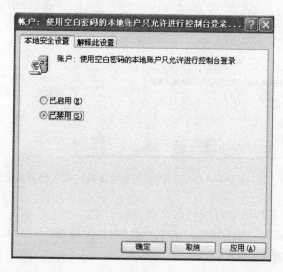

图 8-18 "账户:使用空白密码的本地账户只允许进行控制台登录 属性"对话框

4) 解决网络邻居不响应或响应速度慢的问题

选择"开始"→"控制面板"→"管理工具"→"服务"命令,在打开的"服务"窗口中,如图 8-19 所示,双击名称为"Task Scheduler"的服务。在随后弹出的"Task Scheduler 的属性(本地计算机)"对话框中,按照如图 8-20 所示的设置过程停止该项服务。

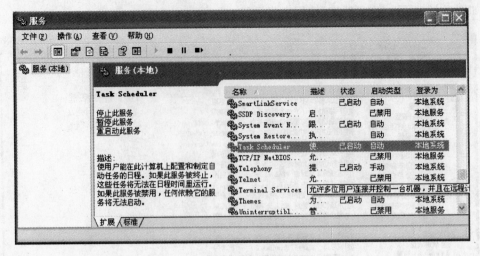

图 8-19 "服务"窗口

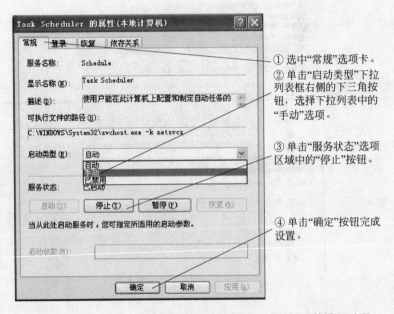

① 选中"常规"选项卡。

② 单击"启动类型"下拉
列表框右侧的下三角按
钮，选择下拉列表中的
"手动"选项。

③ 单击"服务状态"选项
区域中的"停止"按钮。

④ 单击"确定"按钮完成
设置。

图 8-20 "Task Scheduler 的属性(本地计算机)"对话框及其设置过程

5) 关闭网络文件夹和网络打印机的自动搜索功能

打开"我的电脑"窗口，选择"工具"菜单中的"文件夹选项"命令，在弹出的"文件夹选项"对话框中进行如下设置，如图 8-21 所示。

步骤 5 NTFS 文件系统优化设置。

在硬件配置相同的情况下，文件系统是影响计算机运行速度的一个重要因素。为了让 NTFS 文件系统对提高系统性能有更好的帮助，可以对其进行必要的优化设置。

1) 关闭访问时标

在"运行"对话框的"打开"文本框内输入"regedit"命令并单击"确认"按钮，在打开的"注册表编辑器"窗口的左窗格中，依次展开 HKEY_LOCAL_MACHINE → SYSTEM →

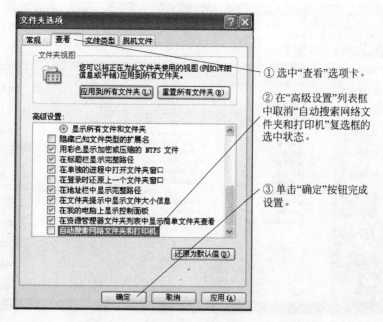

图 8-21 "文件夹选项"对话框及其设置过程

CurrentControlSet→Control→FileSystem 选项,双击右窗格中的 Ntfsdisablelastassessupdate 选项,在随后弹出的"编辑 DWORD 值"对话框中,将"数值数据"文本框内的值改为"1",单击"确定"按钮完成设置。

2) 禁止 8.3 文件名称格式

在"注册表编辑器"窗口的右窗格中,找到 NtfsDisable8dot3NameCreation 选项,将其值设置为"1",即可禁止 Windows XP 的 NTFS 分区应用 8.3 格式了。

3) 优化主文件表

在系统的主文件表里保存了磁盘上所有文件的索引信息,随着文件数量的不断增加,主文件表所占用的存储空间也会随之增长,文件碎片也就不可避免地增多。对此,同样可以通过修改注册表的方法来使主文件表的存储空间得以增大,从而减少或避免文件碎片的产生。其方法是:在"注册表编辑器"窗口的右窗格中,找到 NtfsMftzonereservation 选项,将其值设置为"3"或"4"即可。

步骤 6 系统优化与维护工具软件——Windows 优化大师。

Windows 优化大师的主要功能是可以对磁盘、桌面、文件、开机速度、网络、系统以及垃圾文件等项目进行全面、有效和合理的优化、维护与清理工作,从而使计算机系统的运行效率达到最佳状态。

在成功地安装了 Windows 优化大师工具软件之后,双击桌面上的快捷图标,即可打开"Windows 优化大师"窗口,如图 8-22 所示。其中,左窗格中列出的是 Windows 优化大师的4 大功能模块选项,即"系统检测"、"系统优化"、"系统清理"和"系统维护",单击某一个模块选项,可以进一步地展开其优化项目;右窗格中列出的是与当前选择的优化项目相对应的各种功能的一些设置信息以及优化方式;窗口最右侧列出的是一些功能按钮。

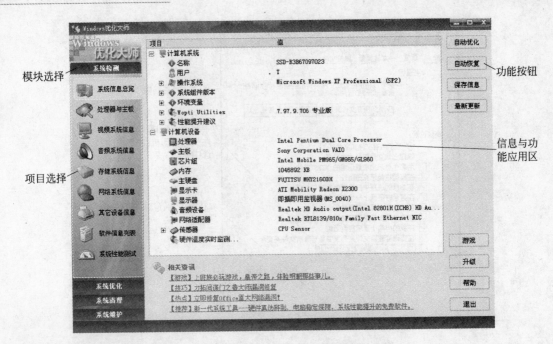

图 8-22 "Windows 优化大师"窗口

1）系统检测模块

系统检测模块的主要功能是向使用者提供当前系统的软、硬件配置情况报告，同时提供的系统性能测试还可以帮助使用者了解当前微型计算机系统的性能并显示存储系统、视频系统和网络系统等测试信息。Windows 优化大师既可以将检测结果保存为文件以便日后的对比和参考，还可以在检测过程中对部分关键指标提出性能提升建议。

系统检测模块分为系统信息总览、处理器与主板、视频系统信息、音频系统信息、存储系统信息、网络系统信息、其他设备信息、软件信息列表和系统性能测试这 9 个项目。

利用系统检测模块对计算机进行自动优化的操作方法如下：单击窗口右侧的"自动优化"按钮，弹出"自动优化向导"对话框，相应的选项设置如图 8-23～图 8-28 所示。

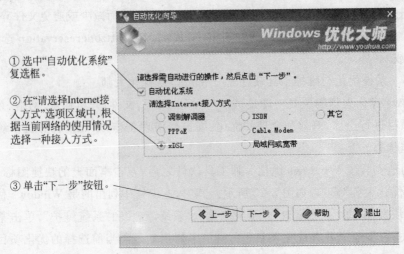

图 8-23 "自动优化向导"对话框-选择网络接入方式

④ 根据实际情况在这两个复选框中进行选择。

⑤ 在"IE默认搜索引擎"选项区域中选中某个选项。

⑥ 在"IE默认首页"选项区域中选中某个选项。

⑦ 单击"下一步"按钮。

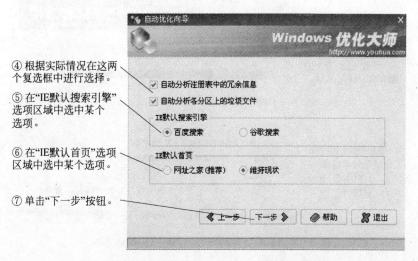

图 8-24　"自动优化向导"对话框-选择 IE 默认搜索引擎

⑧ 单击"下一步"按钮。

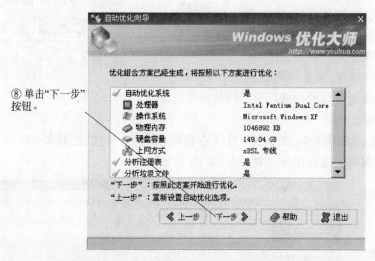

图 8-25　"自动优化向导"对话框-确认优化组合方案

⑨ 单击"确定"按钮开始进行自动分析扫描。

图 8-26　备份注册表提示框

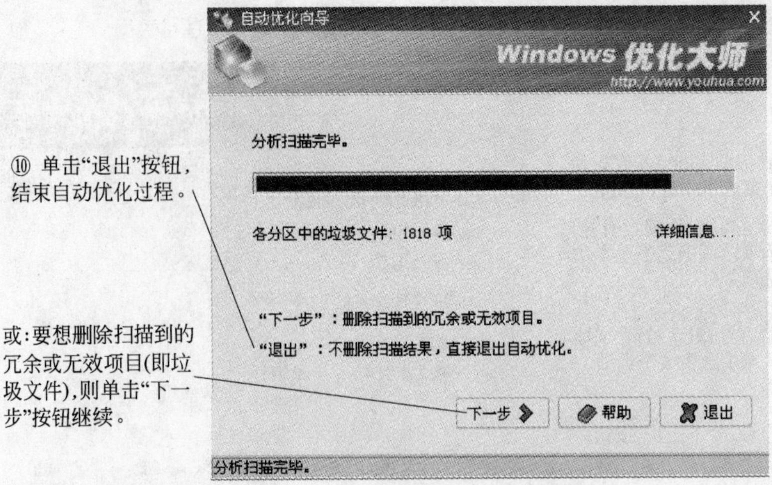

114

⑩ 单击"退出"按钮，
结束自动优化过程。

或：要想删除扫描到的
冗余或无效项目(即垃
圾文件)，则单击"下一
步"按钮继续。

图 8-27 "自动优化向导"对话框-分析扫描完毕

2）系统优化模块

系统优化模块分为磁盘缓存优
化、桌面菜单优化、文件系统优化、网
络系统优化、开机速度优化和系统安
全优化等 8 个项目。

下面介绍几个较为常用的系统
优化项目及其设置窗口的功能以及相应的操作方法。

⑪ 单击"确定"按钮，确
认删除垃圾文件并结
束自动优化过程。

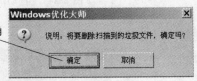

图 8-28 确认删除垃圾文件提示框

（1）磁盘缓存优化

在"Windows 优化大师"窗口中，打开左窗格中的"系统优化"模块，选择"磁盘缓存优
化"项目，在右窗格中进行相应设置，如图 8-29 所示。

① 拖动滑块设置"输
入输出缓存大小"。

② 拖动滑块设置"内
存性能配置"(建议使
用默认值)。

③ 根据需要适当设置
这些选项。

④ 单击"优化"按钮确
认并完成设置。

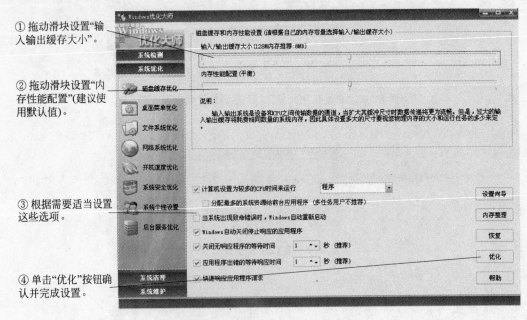

图 8-29 "磁盘缓存优化"窗口及其设置过程

在设置磁盘缓存优化选项时，如果不清楚如何设置，可以利用"设置向导"按钮提供的功能，以对话框的方式一步一步地指导选项设置，其操作方法如图 8-30 和图 8-31 所示。

① 单击"磁盘缓存优化"窗口右侧的"设置向导"按钮，弹出"磁盘缓存设置向导"对话框，单击"下一步"按钮。

② 在随后弹出的这个对话框中选择计算机类型，单击"下一步"按钮。

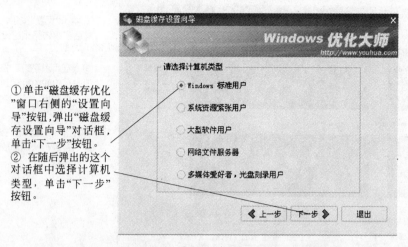

图 8-30　"磁盘缓存设置向导"对话框-选择计算机类型

③ 在随后弹出的这个对话框中，Windows优化大师列出了将要进行优化的项目和内容。选择设置完成后，单击"下一步"按钮。

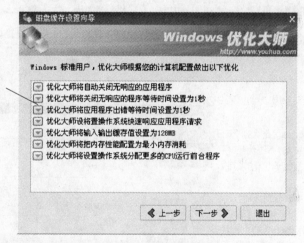

图 8-31　"磁盘缓存设置向导"对话框-磁盘优化项目列表

④ 在随后弹出的对话框中，单击"完成"按钮开始进行优化。

⑤ 优化完成后，自动弹出提示框，提示部分设置需要重新启动计算机才能生效，单击"确定"按钮，确认重新启动计算机并完成优化设置。

另外，在"磁盘缓存优化"窗口中还可以进行内存整理，其方法是：单击"内存整理"按钮，打开"内存整理"窗口，如图 8-32 所示，在此可以对计算机内存进行整理和释放。

（2）桌面菜单优化

桌面菜单优化的目的是加快桌面菜单的显示速度，其操作方法如图 8-33 所示。

（3）文件系统优化

文件系统优化可以用来设置系统的二级缓存、优化光驱访问方式、优化 Windows 声音和音频配置以及优化 NTFS 性能等。对文件系统进行优化的操作方法如图 8-34 所示。

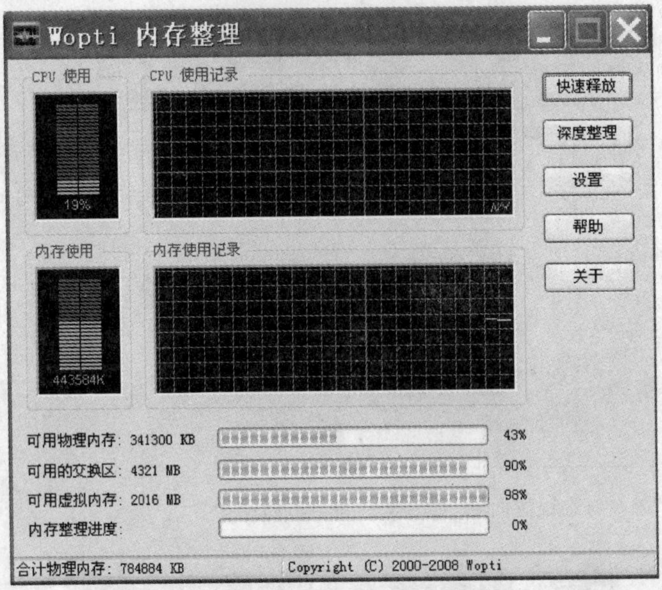

① 单击"设置"按钮，在弹出的
对话框中进行相应设置。

② 单击"深度整理"按钮，将物
理内存中的内容移到硬盘上的
虚拟内存里。

③ 单击"快速释放"按钮，对物
理内存进行快速释放并完成内
存整理操作。

图 8-32　"内存整理"窗口及其设置过程

① 在"Windows优化大师"窗口
中，选择左窗格"系统优化"模
块下的"桌面菜单优化"项目。

② 在右窗格中分别拖动"开始
菜单速度"、"菜单运行速度"
和"桌面图标缓存"这3个滑块，
即可调整菜单或图标的显示速
度。

③ 适当设置其他选项后，单击
"优化"按钮完成设置并开始优
化。

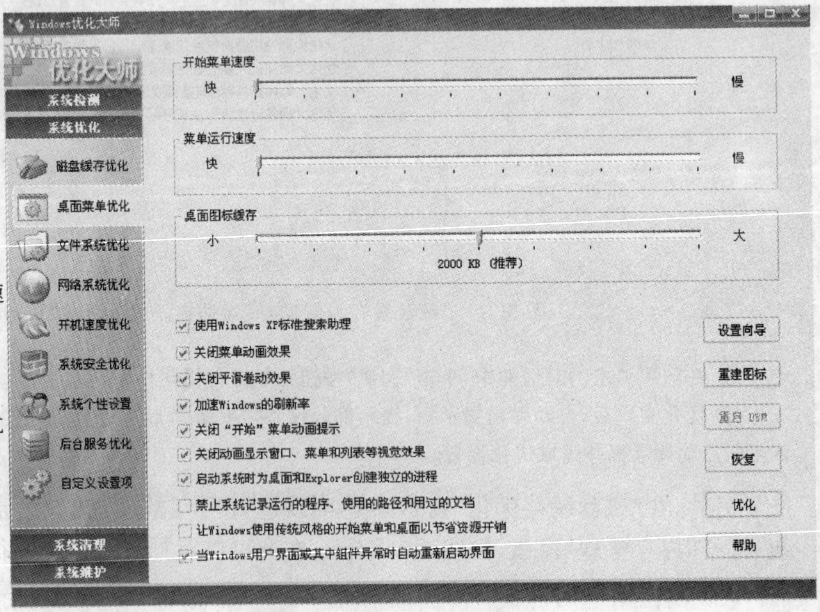

图 8-33　"桌面菜单优化"窗口及其设置过程

① 在"Windows优化大师"窗口中,选择左窗格"系统优化"模块下的"文件系统优化"项目。

② 在右窗格中拖动"二级数据高级缓存"滑块,将其值调整为"适合当前系统的推荐值"。

③ 拖动"CD/DVD-ROM优化选择"滑块,将其值调整为"Windows优化大师推荐值"。

④ 适当设置其他选项后,单击"优化"按钮完成设置并开始优化。

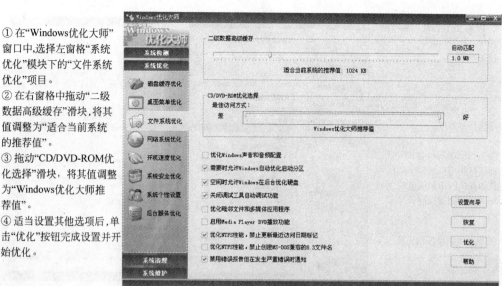

图 8-34 "文件系统优化"窗口及其设置过程

（4）网络系统优化

网络系统优化主要包括上网方式选择、数据传输和连接线程等优化设置,具体的操作方法如图 8-35 所示。

①在"Windows优化大师"窗口中,选择左窗格"系统优化"模块下的"网络系统优化"项目。

② 在"上网方式选择"组合区域内选中相应的上网方式单选项。

③ 在"默认分组报文寿命"下拉列表框中选择一种与上网方式相对应的推荐值选项。

④ 适当设置这一组复选项。

⑤ 单击"优化"按钮完成设置并开始优化。

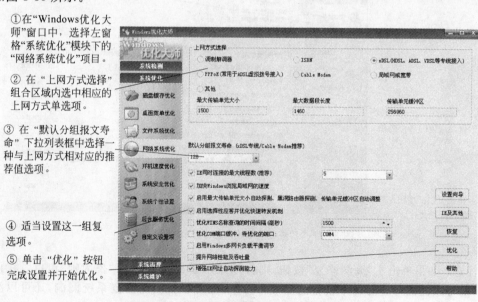

图 8-35 "网络系统优化"窗口及其设置过程

（5）开机速度优化

开机速度优化主要通过减少引导信息的停留时间和取消不必要的开机自运行程序来提高计算机的启动速度,具体的操作方法如图 8-36 所示。

（6）系统安全优化

系统安全优化主要包括分析及处理选项、漏洞修复、共享管理以及禁止用户建立空连接、禁止自动登录等项目,具体的操作方法如图 8-37 所示。

118

① 拖动"启动信息停留时间"滑块，将停留时间设置得尽量短一些。

② 在"预读方式"下拉列表框中选择推荐项。

③ 在"请勾选开机时不自动运行的项目"列表框内选中开机时不希望自动运行的程序的复选框。

④ 单击"优化"按钮完成设置并开始优化。

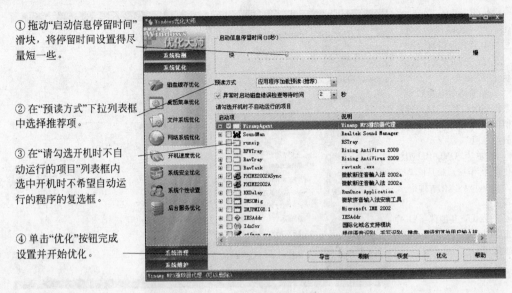

图 8-36 "开机速度优化"窗口及其设置过程

① 在"分析及处理选项"列表框中选中要进行分析和处理的复选框。

② 单击"分析处理"按钮。

③ 适当选中这一组区域中有复选框的各个选项。

④ 单击"优化"按钮完成设置并开始优化。

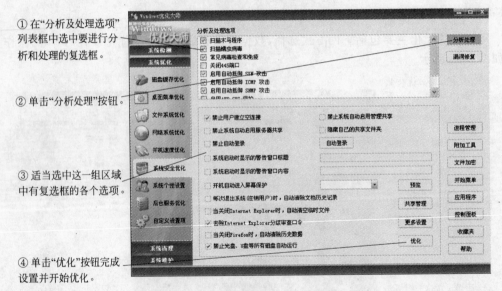

图 8-37 "系统安全优化"窗口及其设置过程

注意：如果单击了"漏洞修复"按钮，则将打开如图 8-38 所示的"鲁大师"窗口。在该窗口中，既可以检测与查看各个硬件的型号和参数，也可以扫描与修复系统漏洞，还可以清理系统垃圾文件和各种无用的残留信息。此外：

- 如果点击"专业而易用的硬件检测"区域右侧的"查看详情"链接，则可以在随后打开的窗口中查看到本机各个硬件的型号和参数。
- 如果点击"漏洞扫描和修复"区域右侧的"查看详情"链接，则可以在随后打开的窗口中进行系统漏洞的扫描和修复操作。
- 如果点击"清理自己的系统"区域右侧的"开始清理"链接，则可以在随后打开的窗口中对系统垃圾文件和各种无用的残留信息进行清理。

图 8-38 "鲁大师"窗口

3) 系统清理模块

系统清理模块主要用来对注册信息、历史痕迹和安装补丁等冗余信息进行清理,还可以实现磁盘文件管理和软件智能卸载等功能。

(1) 注册信息清理

注册信息清理主要包括"扫描 HKEY_CURRENT_USER 中的冗余信息"和"扫描 HKEY_USERS 中的冗余信息"等 6 个可选功能的复选项,其操作方法如图 8-39 和图 8-40 所示。

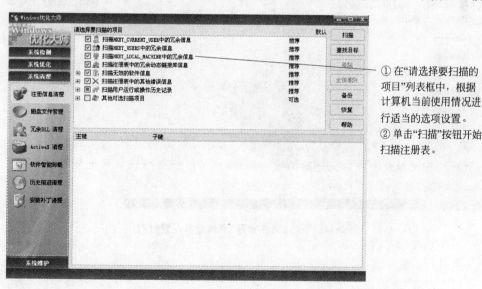

① 在"请选择要扫描的项目"列表框中,根据计算机当前使用情况进行适当的选项设置。
② 单击"扫描"按钮开始扫描注册表。

图 8-39 "注册信息清理"窗口及其设置过程

③ 单击"删除"按钮，则
将删除扫描结果列表中
选中的项目。

或：单击"全部删除"按钮，
则将删除扫描结果列表中
的全部项目。

图 8-40　注册信息清理的扫描结果

（2）磁盘文件管理

磁盘文件管理用来清理硬盘上的垃圾文件，其操作方法如图 8-41 和图 8-42 所示。

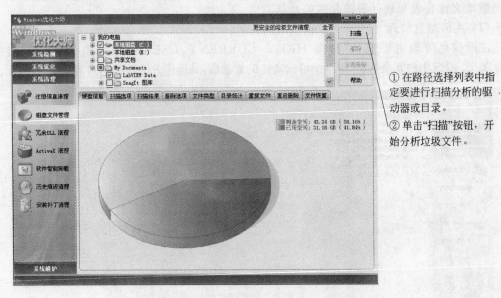

① 在路径选择列表中指
定要进行扫描分析的驱
动器或目录。

② 单击"扫描"按钮，开
始分析垃圾文件。

图 8-41　"磁盘文件管理"窗口及其设置过程

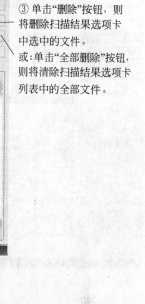

③ 单击"删除"按钮，则
将删除扫描结果选项卡
中选中的文件。
或：单击"全部删除"按钮，
则将清除扫描结果选项卡
列表中的全部文件。

图 8-42　磁盘文件扫描的分析结果

4）系统维护模块

系统维护模块包括系统磁盘医生、磁盘碎片整理、驱动智能备份、其他设置选项和系统
维护日志这 5 个项目。

（1）系统磁盘医生

系统磁盘医生能够帮助使用者检查与修复由于系统死机、非正常关机等原因所引起的文
件分配表、目录结构、文件系统等系统错误，还能够自动、快速地检测系统是否需要进行检查。
对系统磁盘医生的操作方法如图 8-43 和图 8-44 所示。

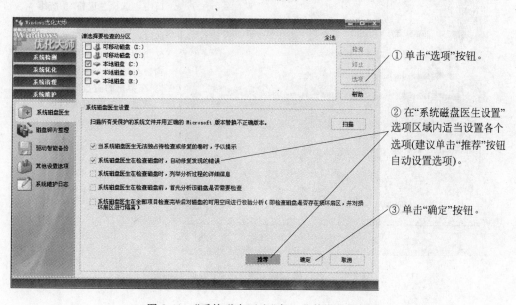

① 单击"选项"按钮。

② 在"系统磁盘医生设置"
选项区域内适当设置各个
选项(建议单击"推荐"按钮
自动设置选项)。

③ 单击"确定"按钮。

图 8-43　"系统磁盘医生"窗口及其设置过程

122

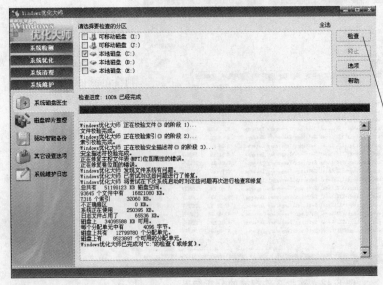

④ 在"请选择要检查的分区"列表框中指定要进行检查的磁盘（可以一次选中多个磁盘，也可以在检查过程中随时终止）。

⑤ 单击"检查"按钮完成设置并开始检查过程。

图 8-44　系统磁盘医生的检查结果

（2）磁盘碎片整理

如果系统的使用时间过长，将会产生磁盘碎片，过多的碎片会导致系统性能降低，还有可能造成存储文件的丢失，严重时甚至会缩短硬盘的使用寿命。

Windows 优化大师提供了对磁盘碎片进行分析和整理的功能，其操作方法如图 8-45～图 8-48 所示。

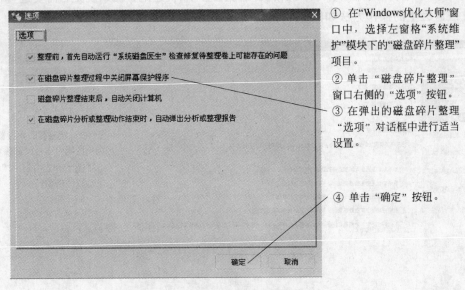

① 在"Windows优化大师"窗口中，选择左窗格"系统维护"模块下的"磁盘碎片整理"项目。

② 单击"磁盘碎片整理"窗口右侧的"选项"按钮。

③ 在弹出的磁盘碎片整理"选项"对话框中进行适当设置。

④ 单击"确定"按钮。

图 8-45　进行磁盘碎片整理的"选项"对话框

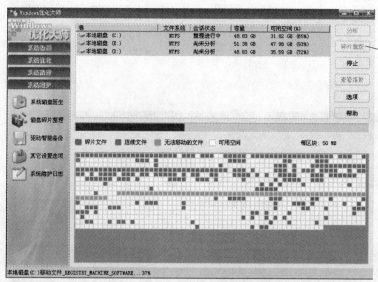

⑤单击"碎片整理"按钮,开始碎片整理过程(注意:在碎片整理过程中,可以随时单击"停止"按钮来终止整理过程)。

图 8-46　碎片整理过程

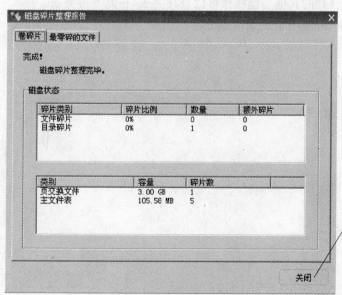

⑥碎片整理结束后,在弹出的"磁盘碎片整理报告"对话框中,单击"关闭"按钮,完成磁盘碎片整理的操作过程。

图 8-47　"磁盘碎片整理报告"对话框

实训项目八

系统优化

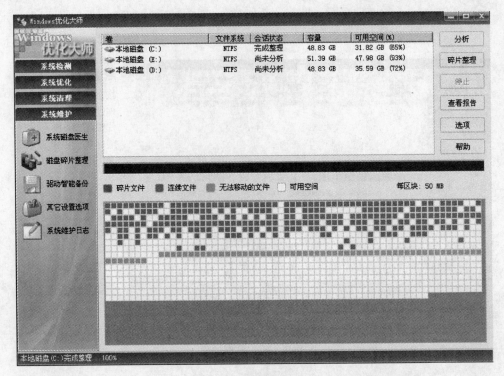

图 8-48 碎片整理结果

对于"Windows 优化大师"的其他功能操作可以自行完成,在此不再赘述。

至此,对系统进行常用功能的优化设置介绍完毕。

实训项目九 系统常见故障的诊断与处理

【实训目的】

了解微型计算机系统故障的分类以及日常维护和简单维修的基本方法,掌握微型计算机系统常见的软、硬件故障的出现现象、产生原因、诊断方法、处理过程和一些实用技巧,从而在使用微型计算机的过程中能够达到自行解决一些常见问题的目的。

【实训要求】

(1) 了解微型计算机系统的故障种类和常用的诊断方法。

(2) 熟悉 Windows 操作系统自带的一些系统维护工具软件的功能和使用方法。

(3) 掌握故障诊断、部件检测与判别硬件好坏的常用方法。

(4) 掌握微型计算机常见的软、硬件系统故障的处理方法。

【实训内容和参考步骤】

步骤 1　了解微型计算机系统的故障种类和诊断方法。

1) 微型计算机系统故障分类

(1) 按照微型计算机系统组成,可以分为硬件故障和软件故障。硬件故障又称为硬故障,是由于硬件损坏、品质不良、操作不当或计算机病毒等原因而引发的故障,这类故障必须进行人工干预并且彻底排除才能恢复正常。软件故障又称为软故障,是由于软件不完善、不兼容或计算机病毒等原因而引发的故障。

(2) 按照故障影响程度,可以分为致命性故障和非致命性故障。致命性故障又称为严重性故障或关键性故障,它不允许系统继续工作,并且在机箱上配备的扬声器上发生规律性的报警声响,这类故障必须进行硬件干预才能排除。非致命性故障又称为非严重性故障或非关键性故障,它允许系统勉强运行,并且将出错信息显示在屏幕上。

(3) 按照故障持续时间,可以分为永久性故障和暂时性故障。永久性故障又称为固定性故障或死故障,主要是由于元器件损坏或失效、电路短路或断路、机械部件磨损或失灵等原因而造成的故障,这类故障的现象稳定,可重复出现,在各种故障中所占比重较大,排除起来相对较容易。暂时性故障又称为间歇性故障或随机性故障或活故障,主要是由于元器件或接插件的品质或性能不佳而造成接触不良、电路似通非通、特性变差等功能错误的原因而引发的故障,这类故障的现象不稳定,发生时间不固定并且持续时间较短,通常不需要人工干预即可自行恢复正常或转化为死故障,一般需要较长的时间才能诊断与排除。

(4) 按照故障来源,可以分为机器故障和人为故障。机器故障是由于微型计算机或设备本身存在的某些软、硬件错误等原因而引发的故障,一般需要人工干预才能恢复正常。人为故障是由于操作不当、命令错误或设置错误等原因而引发的故障,通常只需要按照规范步骤操作或改变操作方法即可解决,不注意防静电和误操作是引发人为故障的主要原因。

2)微型计算机系统故障的诊断方法

(1)观察法:利用人的眼、鼻、耳、手等感觉器官直接进行看、闻、听、摸来检查故障源的判别方法。

(2)清洁法:利用清洁用具对机箱内部以及板卡、元器件表面和风扇、插头、插座、插槽等部位进行灰尘或杂质的彻底清除从而排除故障的方法。

(3)隔离法:将有可能妨碍故障检测、故障源定位或造成相互冲突的硬件或软件进行屏蔽或隔离,以观察故障现象是否发生变化的判别方法。

(4)替换法:用同型号无故障的部件替代疑似故障的部件以观察故障现象是否消失的判别方法。此方法是一种较直观和较常用的故障诊断方法。

(5)插拔法:机器彻底断电后,将系统中的各个组件逐项从主板上拔除,每拔出一项,加电测试一下机器的工作状态是否恢复正常。一旦拔除某项组件后机器恢复正常,则说明故障就是由刚拔下的组件所引起的。若拔除所有组件后机器的工作状态仍存在问题,则说明故障出在主板上。反之,在主板上逐项加入各个组件,每加入一项,加电观察一下工作状态,用以判别故障组件。此方法是一种较直观和较常用的故障诊断方法。

(6)软件测试法:利用随机自带的诊断程序、诊断工具,或专用的诊断卡、诊断软件,向计算机发送各种命令、数据和技术参数,通过读取相关器件状态以判别故障源的诊断方法。

步骤 2 Windows 系统维护工具的使用。

(1)检查并修复磁盘错误

检查并修复磁盘错误的操作方法如图 9-1～图 9-5 所示。

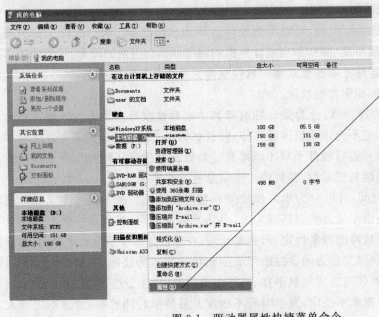

① 打开"我的电脑"窗口,右击相应的驱动器图标,选择快捷菜单中的"属性"命令,弹出相应驱动器的"属性"对话框。

图 9-1 驱动器属性快捷菜单命令

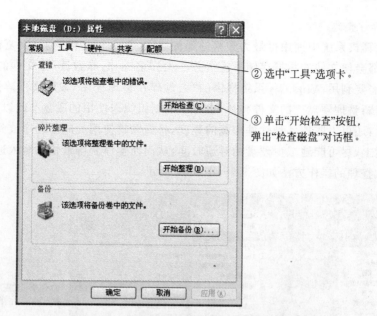

②选中"工具"选项卡。

③单击"开始检查"按钮,弹出"检查磁盘"对话框。

图 9-2　磁盘属性对话框的"工具"选项卡

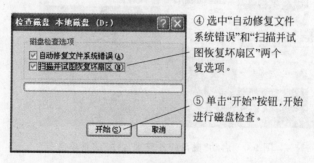

④选中"自动修复文件系统错误"和"扫描并试图恢复坏扇区"两个复选项。

⑤单击"开始"按钮,开始进行磁盘检查。

图 9-3　"检查磁盘"对话框

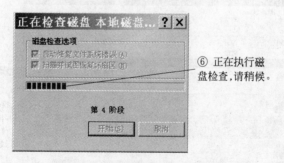

⑥正在执行磁盘检查,请稍候。

图 9-4　"正在检查磁盘"对话框

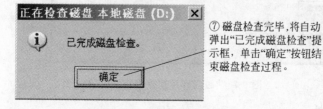

⑦磁盘检查完毕,将自动弹出"已完成磁盘检查"提示框,单击"确定"按钮结束磁盘检查过程。

图 9-5　完成磁盘检查提示框

实训项目九

系统常见故障的诊断与处理

2) 磁盘碎片整理

硬盘是计算机系统中使用得最为频繁的部件之一,在进行文件的新建、复制、删除和移动等操作时,都会使文件的数据存储不连续并产生许多碎片,导致读/写文件的时间越来越长。此时,就需要利用 Windows 系统提供的"磁盘碎片整理程序"来对文件碎片进行整理,它不仅可以重新整理硬盘上的文件碎片,也可以重新组织未使用的磁盘空间以加速文件读/写和程序运行,还可以监控各种软件加载的频度,将最频繁使用的应用程序放到存取速度最快的磁盘位置上,尽可能地减少硬盘的寻道时间,从而使程序获得最快的载入速度。

磁盘碎片整理的操作方法如图 9-6~图 9-10 所示。

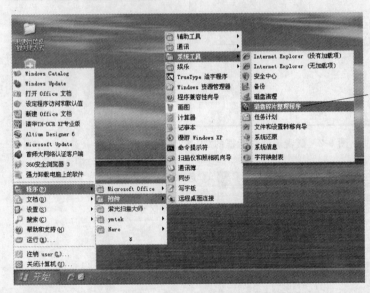

图 9-6　启动"磁盘碎片整理程序"的菜单命令

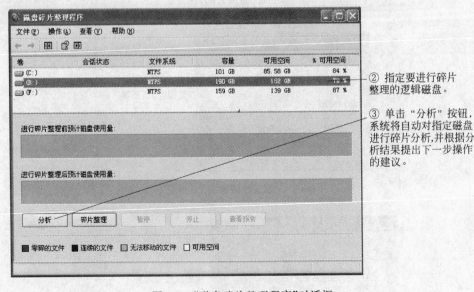

图 9-7　"磁盘碎片整理程序"对话框

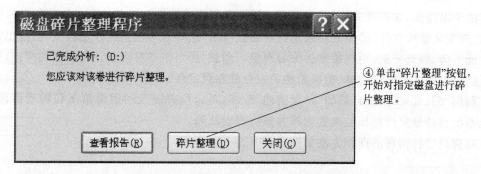

④ 单击"碎片整理"按钮,开始对指定磁盘进行碎片整理。

图 9-8　需要进行磁盘碎片整理的提示框

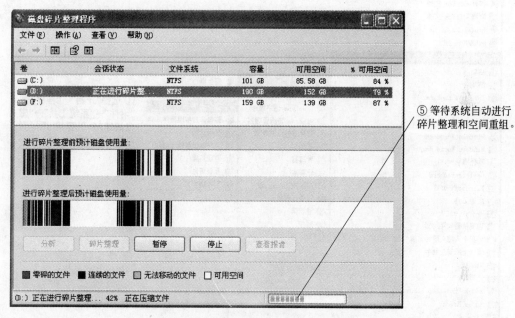

⑤ 等待系统自动进行碎片整理和空间重组。

图 9-9　正在进行碎片整理和空间重组

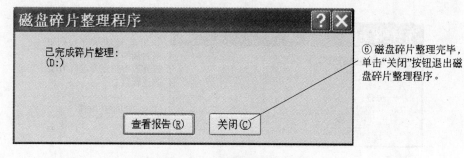

⑥ 磁盘碎片整理完毕,单击"关闭"按钮退出磁盘碎片整理程序。

图 9-10　碎片整理完毕提示框

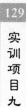

系统常见故障的诊断与处理

3）磁盘清理

由于误操作、非正常关机、系统死锁、突然停电或计算机病毒等原因，会引发诸如丢失簇、丢失交叉链接文件、错误的目录结构等磁盘故障，这些故障积累到一定程度，就会出现系统性能下降、频繁死机、用户数据丢失等现象。因此，应当经常对磁盘进行扫描和清理，以排除可能存在的各种磁盘故障，确保系统的安全性和稳定性。

利用 Windows 系统自带的"磁盘清理"程序，可以检查硬盘的逻辑错误和物理错误，以便让系统自动修复已损坏的磁盘区域并排除磁盘故障。

对磁盘进行清理的操作方法如图 9-11～图 9-16 所示。

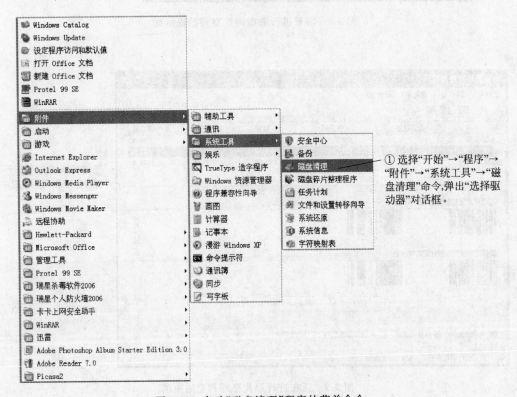

图 9-11　启动"磁盘清理"程序的菜单命令

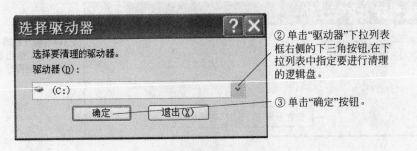

图 9-12　"选择驱动器"对话框

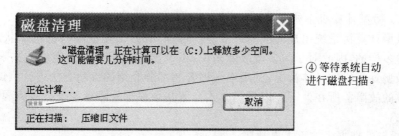

图 9-13　磁盘扫描进度条

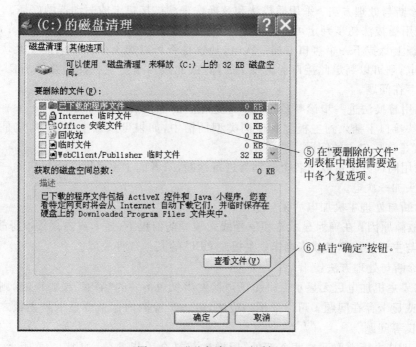

图 9-14　"磁盘清理"对话框

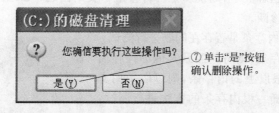

图 9-15　确认删除操作的提示框

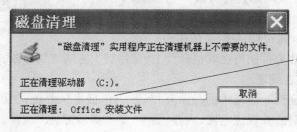

图 9-16　磁盘清理进度条

系统常见故障的诊断与处理

步骤3　微型计算机系统常见故障的诊断与处理。

由于微型计算机系统出现的故障通常是不可预知的,出现故障时的机器状态和故障现象也是多种多样的,因此对于大多数故障来说,不可能按照某一种固定模式去辨别,应根据当时使用微型计算机的具体情况,试用本实训开始部分介绍的诊断方法进行测试和判断,从而找出大致的故障源所在。下面以实例方式介绍几个根据故障现象进行故障源诊断与处理的常用方法。

1) 诊断与处理主机加不上电故障

(1) 故障原因:电源本身故障;主板、接口卡或驱动器故障;电源开关故障。

(2) 诊断与处理方法:采用插拔法和替换法来测试接口卡或驱动器的好坏。

① 采用插拔法初步判定可能存在的故障源。

从主板上每拔下一个接口卡加一次电,观察是否可以加上电。如果拔下某块接口卡后能够加上电,则可以判定此接口卡出现了故障,或此接口卡与主板插槽接触不良,或相应的主板插槽存在问题。

② 采用替换法进一步诊断是接口卡还是相应的主板插槽有问题。

将这块接口卡插入到主板上其他同类型插槽中,如果可以加上电,则判定是插槽的问题,否则就是该接口卡的问题。

③ 采用同样方法可以对各个驱动器进行诊断,二者的主要区别在于每拔除一个驱动器的供电插头加一次电。

2) 诊断与处理主机加电后无显示故障

(1) 故障原因:在确保显示器和信号线无故障的前提下,显卡或内存条本身故障;显卡或内存条与主板接触不良或未插牢;主板或 CPU 等其他部件故障。

(2) 诊断与处理方法:

① 如果主机加电后无显示而机箱扬声器发出长短不一的"嘀嘀"报警声响,则一般可以判定内存或显卡存在问题。可以采用插拔法,进一步检测内存条或显卡与主板之间是否存在接触不良等问题。

② 分别从主板上取下这两个部件,用橡皮擦拭金手指部分,如图 9-17 所示,然后再插回到主板上。如果问题解决了,则说明是部件接触不良的问题;如果问题没有得到解决,则再试用如下方法继续诊断。

③ 采用替换法对内存条是否存在问题进行测试。

如果只有一根内存条,则将其插到其他的内存插槽上测试;如果有两根以上的内存条,则可以采用交换内存插槽或每次只插一根内存条的方法进行测试,以判别是否是内存条、是哪根内存条出现了问题。

④ 采用替换法对显卡是否存在问题进行测试。

把取下的显卡安装到另一台无故障微型计算机的主板上,如果显卡工作不正常,则说明该显卡存在

图 9-17　用橡皮擦拭金手指

问题,否则主机加电后无显示的故障可能出在其他部件上,试用如下方法继续诊断。

⑤ 诊断主板或 CPU 是否存在问题。

在诊断故障之前,首先需要确保一个基本的显示环境,其中包括主机电源、主板、CPU、内存条、显卡、显示器和键盘等部件,并保证电源、内存、显卡、显示器和键盘无故障。

然后,接通主机电源,用带有导电金属的绝缘物短接一下主板上的电源开关(Power

Switch,PW-SW/PW-ON)插针,如图9-18所示。如果微型计算机不能正常启动,则说明主板或 CPU 存在问题。

⑥ 采用逆向插拔法逐一对其他部件进行故障检测。

在保证基本显示系统正常的情况下,对于硬盘、光驱、网卡、声卡和鼠标等外围部件,每次插接一个部件后通电测试一下,测试通过后再插接下一个部件,不能通过测试的部件即为故障部件。

图 9-18　短接主板上的 PW-SW 插针进行开机测试

3) 诊断与处理无法从硬盘启动故障

(1) 故障原因:硬盘的启动分区未设置成"A"(active,激活)状态;CMOS 参数设置错误;硬盘 BIOS 或硬盘主引导区被破坏;硬盘控制器与硬盘驱动器未能正常连接;硬盘驱动器或硬盘控制器硬件故障;主板上的硬盘接口或硬盘数据线存在问题。

(2) 诊断与处理方法:

① 根据开机自检信息对故障类型作出初步判断。

• 如果屏幕上提示"Hard disk drive failure"(硬盘驱动器失效)等类似信息,则可以诊断为硬盘驱动器故障;

• 如果屏幕上提示"Hard drive controller failure"(硬盘控制器失效)等类似信息,则可以诊断为硬盘控制器故障;

• 如果屏幕上提示"Hard disk not present"(硬盘不存在)等类似信息,则可能是 CMOS 参数设置错误或硬盘控制器与硬盘驱动器连接不正确;

• 如果屏幕上提示"Missing operating system"(漏失操作系统)、"Non OS"(非操作系统)、"Non system disk or disk error,replace disk and press a key to reboot"(非系统盘或磁盘错误,更换磁盘并按任一键重新启动)等类似信息,则可能是硬盘的启动分区未设置成"激活"状态、硬盘主引导区的分区表被破坏、未正确安装操作系统或 CMOS 硬盘参数设置错误;

• 如果开机时不能完成正常的自检过程,则可能是主板或硬盘故障。

② 处理启动分区未设置成"激活"状态的故障。

• 用系统启动盘引导计算机。

• 在 DOS 提示符"A:\>"下,输入 FDISK 命令,进入硬盘分区操作界面。

• 利用主菜单选项"4. Display partition information"(显示分区信息)查看 C 盘是否设置为"Ａ"状态,如图9-19所示。

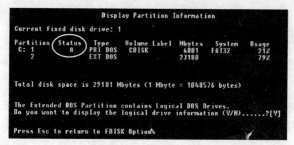

图 9-19　显示分区信息

系统常见故障的诊断与处理

- 如果 C 盘未设置为"A̲"状态,则可以利用主菜单选项"2. Set active partition"(设置激活分区)将 C 盘设置为"A̲"状态;如果设置正确而问题仍然存在,则可以试用如下方法作进一步的诊断。

③ 在 BIOS 设置中根据是否能够自动检测到硬盘参数的情况来决定下一步操作。

- 重新启动计算机。
- 按 Del 键进入 CMOS 参数设置界面。
- 查看"设备引导顺序"选项是否设置为包含启动分区 C 在内的引导顺序或"C only",如果设置有误,则重新设置,否则进行如图 9-20 和图 9-21 所示的诊断与处理操作。

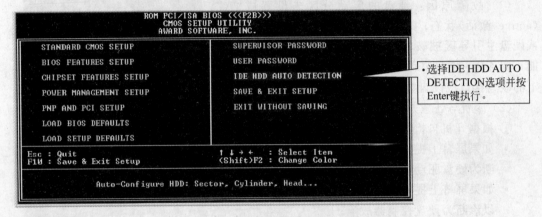

图 9-20　CMOS 参数设置界面

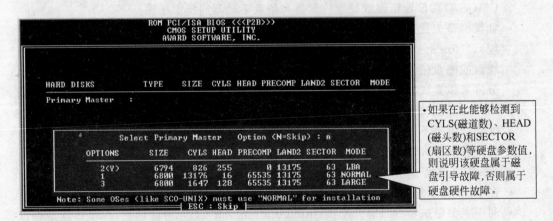

图 9-21　自动检测硬盘参数

针对硬盘的磁盘引导故障,可以按照如下方法进行处理。

④ 对硬盘进行计算机病毒的杀毒处理。

在 BIOS 设置中把"设备引导顺序"选项设置为"CDROM"作为第一引导设备,然后用杀毒软件光盘重新引导计算机,对 C 盘进行全面杀毒。

如果杀毒后计算机可以正常工作,则说明该计算机感染上了计算机病毒并且已经成功杀除;如果仍然不能从硬盘正常启动,则可以进行如下操作。

⑤ 备份有用数据,重新安装系统软件。

- 将该硬盘从机箱内卸下并取出。
- 将该硬盘以从盘方式连接到另一台能够正常工作的计算机上。
- 将有用的数据全部备份出来。
- 重新进行硬盘分区、格式化、安装操作系统和应用软件等操作。
- 将该硬盘重新安装到原来的计算机上,开机测试。

如果上述处理过程完成后仍不能解决问题,则可能是硬盘硬件故障或主板接口故障,继续如下操作。

⑥ 诊断与处理硬盘硬件故障或主板接口故障。

如果在开机启动时屏幕上出现"Hard drive controller failure"提示信息或开机不能完成正常自检,则先彻底断电,然后更换掉主板硬盘接口上原来使用的硬盘数据线和硬盘上的供电插头,再加电开机测试。

如果此时能够正常启动,则用万用表检测硬盘原来使用的供电插头是否为正常的+5V和+12V。如果检测的电压值不正常,则说明是电源故障,否则可能是主板上的硬盘接口或原来使用的数据线出现了问题。

如果更换了电源后仍不能正常启动,则说明硬盘损坏或主板上的硬盘接口出现问题。

⑦ 采用替换法判别是主板接口故障还是硬盘数据线问题。

在主板上原来使用的硬盘接口上换接一条确保可用的数据线,如果开机启动正常,则说明原来使用的数据线出现了问题。如果换接了数据线后仍不能正常启动,则将这条可用的数据线换接到主板上的另一个硬盘接口上再进行测试。如果此时能够正常启动,则说明主板上原来使用的硬盘接口出现了问题。

4) 诊断与处理双通道内存故障

(1) 故障原因:在开机自检时屏幕上显示内存为单通道模式;用测试软件检测内存通道数为单通道模式;开机使用一段时间便会死机,重新启动计算机后又不出现死机现象;计算机不能正常开机。

(2) 诊断与处理方法:

诊断方法一 如果在开机自检时屏幕上显示"Single Channel Mode Enabled"、"Memory runs at Single Channel"、"Dual Channel Mode Disabled"或"Unganged Mode,64-bit"等提示信息,或没有出现"Dual Channel"、"Memory runs at dual channel interleaved"、"Memory runs at Dual Channel"、"Ganged Mode,128-bit"、"Dual Channel,128-bit"、"Dual Channel Mode Enabled"、"Dual Channel Interleaved Mode"等提示信息,则说明 BIOS 设置中的双通道内存设置没有打开,或内存条安装错误,或这台计算机不支持双通道内存模式。

例如,开机自检时屏幕上显示的内存单通道模式的提示信息如图 9-22 所示,不同版本的 BIOS 在开机自检时显示的内存双通道模式的提示信息分别如图 9-23 和图 9-24 所示。

另外,有些 Intel 芯片组支持以下 3 种内存模式:

① Dual Channel Interleaved mode:这是普遍使用的、性能最高的内存配置模式,当两个通道插入配置相同的内存条时,理论上的内存带宽可以达到 12.8GB/s。

② Single Channel Asymmetric mode:这种模式的性能最低,它是只使用一个通道或在两个通道上分别插入两种不同容量的内存条时所使用的模式。

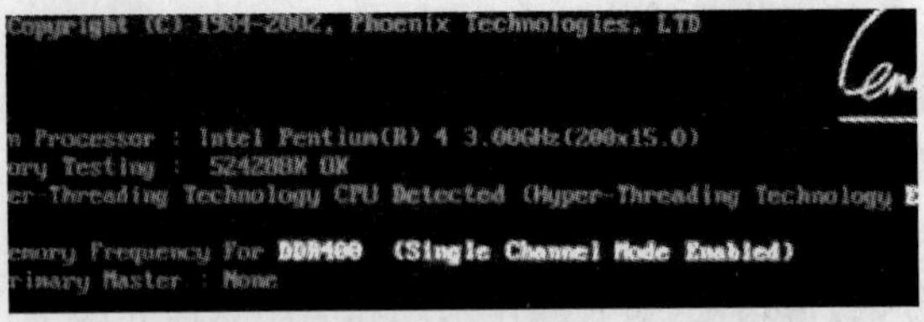

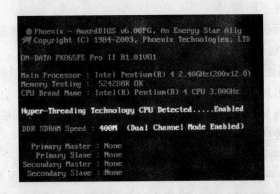

图 9-22　内存单通道模式"Single Channel Mode Enabled"提示信息

图 9-23　内存双通道模式"Dual Channel"提示信息

图 9-24　内存双通道模式"Dual Channel Mode Enabled"提示信息

③ Flex memory mode：这种模式是不符合上面两种模式时所使用的模式,此时内存的底端部分映射到两个通道上,而顶端部分则映射到单个通道上。当两个通道的内存容量不相同时,也能具有与 Dual Channel Interleaved mode 相似的性能。例如,开机自检时屏幕上显示内存工作在 Flex memory mode 时的提示信息如图 9-25 所示。

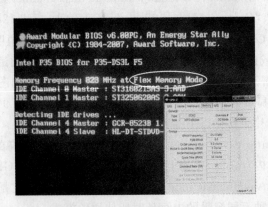

图 9-25　内存工作在 Flex memory mode 时的提示信息

诊断方法二　进入操作系统后,可以利用一些系统测试工具软件对内存通道进行检测。例如,利用 CPU-Z 测试软件检测出来的内存单通道模式信息如图 9-26(a)所示,内存双通道模式信息如图 9-26(b)所示。

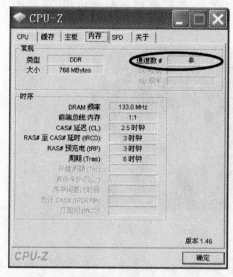 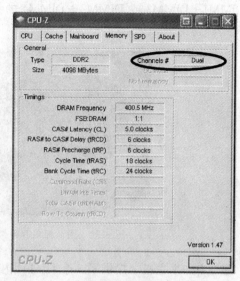

(a)内存单通道模式　　　　　　　　　　　　(b)内存双通道模式

图 9-26　利用 CPU-Z 测试软件检测出来的内存通道模式信息

处理方法一　检查 BIOS 中的内存设置是否支持双通道模式。如果支持,则将双通道模式设置为"Enabled"。具体的 CMOS 参数的设置方法应根据不同的 BIOS 版本而定。例如,Phoenix-Award BIOS 设置中有关内存通道模式的选项设置如图 9-27 所示。

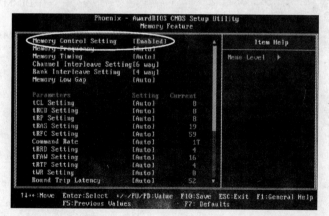

图 9-27　Phoenix-Award BIOS 中的 Memory Control Setting 选项设置

处理方法二　检查双通道工作模式内存条是否安装正确。

在支持双通道模式的主板上,一般会提供 4 个 DIMM 内存插槽,能够支持两组双通道内存模式。其中,每两个 DIMM 插槽构成 1 个组,每个组代表 1 个内存通道,只有在这两组通道上同时安装了相同容量和规格的内存条时,才能使内存工作在双通道模式下。

在安装双通道内存条时,必须对称地成对插入内存条,即:A 通道的第 1 个插槽搭配 B

系统常见故障的诊断与处理

通道的第 1 个插槽,或 A 通道的第 2 个插槽搭配 B 通道的第 2 个插槽。当然,同时插入 4 根内存条,也可以实现双通道。

例如,在使用两根内存条来组建一个双通道时,应当按照内存插槽的编号来进行安装,只有 DIMM1+DIMM3 或 DIMM2+DIMM4 的组合方式,才能够建立双通道模式,如图 9-28 所示。

图 9-28　用 2 根内存条组建一个双通道的安装方式

注意:如果主板上提供了 3 个 DIMM 内存插槽,如图 9-29 所示,那么这类主板仅支持 1 组双通道模式。其中,DIMM1 被单独设计在一边,而 DIMM2 和 DIMM3 则结合在一起。当 DIMM1+DIMM2 或 DIMM1+DIMM3 搭配使用时,可以组建一个双通道。如果 3 个 DIMM 插槽同时安装了内存条,也可以组建一个双通道。

——DIMM3内存插槽
——DIMM2内存插槽
——DIMM1内存插槽

图 9-29　由 3 个内存插槽组成的双通道模式

实训项目十　常用工具软件的使用

【实训目的】

了解较为常用的一些工具软件的主要用途,熟悉并掌握其使用方法。

【实训要求】

(1) 了解常用的工具软件的主要功能及其用途。

(2) 掌握常用的工具软件的使用方法和操作流程。

(3) 了解工具软件在使用过程中的一些注意事项。

【实训内容和参考步骤】

在利用计算机进行辅助学习和工作的过程中,使用一些工具软件来帮助自己完成某些特定的处理任务,是熟练操作计算机并提高计算机使用效率的有效手段。

本实训以目前较为流行的和经常使用的一些工具软件为例,介绍这些工具软件的操作方法和使用中的注意事项。

步骤 1　文件压缩/解压缩软件 WinRAR。

目前较为通用的 WinRAR 软件是可以对文件进行有效压缩或解压缩的工具软件,它完全支持 RAR 和 ZIP 等多种文件压缩格式,可以创建固定压缩、分卷压缩和自释放压缩等多种方式的压缩文件包,可以选择不同的压缩比例,以实现最大程度地减少磁盘空间的占用。

下面以实例方式介绍 WinRAR 软件几种常用的操作方法。

1) WinRAR 窗口

选择"开始"→"程序"→WinRAR→WinRAR 命令,或双击已创建在桌面上的 WinRAR 快捷方式图标,即可打开 WinRAR 窗口,如图 10-1 所示。

注意:在 WinRAR 或 Windows 窗口中,凡是带有 ▤ 图标的文件均属于压缩文件包。

要想对 WinRAR 或 Windows 窗口中选定的文件进行压缩或解压缩操作,可以通过以下 3 种方式来实现。

① 选择 WinRAR 窗口中"命令"菜单上的各种命令,如图 10-2(a)所示。

② 右击选定的文件,选择弹出的快捷菜单上的各种命令,如图 10-2(b)所示。

③ 单击 WinRAR 窗口中工具栏上相应的功能按钮,如图 10-2(c)所示。

注意:在 Windows 窗口中(不一定非要打开 WinRAR 窗口),对选定的文件也可以进行压缩或解压缩操作,但只能利用 Windows 窗口中的"文件"菜单或右击文件名弹出的快捷

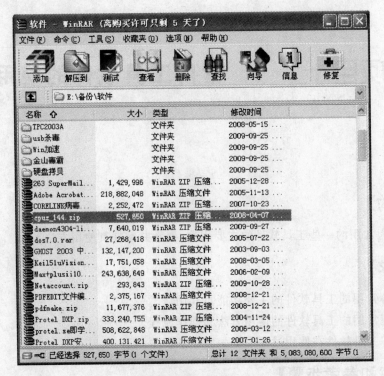

图 10-1 WinRAR 窗口

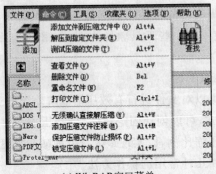

(a) WinRAR窗口菜单

(b) WinRAR快捷菜单

(c) WinRAR窗口工具栏上的功能按钮

图 10-2 对文件进行压缩或解压缩的几种操作方式

菜单上的命令来实现,而没有对应的功能按钮。

对于 WinRAR 窗口中工具栏上各个功能按钮的主要功能说明如下。

①"添加"按钮:将选定的文件创建为或添加到指定的压缩文件包中,它所对应弹出的对话框如图 10-3(a)所示。

②"解压到"按钮：将选定的压缩文件包解压缩到指定路径的文件夹中，它所对应弹出的对话框如图 10-3(b)所示。

③"测试"按钮：对选定的压缩文件包进行测试并检查压缩文件包中是否存在错误，它所对应弹出的对话框如图 10-3(c)所示。

④"查看"按钮：显示指定的压缩文件包中的内容，它所对应的显示窗口如图 10-3(d)所示。

⑤"删除"按钮：删除选定的压缩文件包或压缩文件，它所对应弹出的提示框如图 10-3(e)所示。

⑥"查找"按钮：在选定的压缩文件包中搜索指定的内容，它所对应弹出的对话框如图 10-3(f)所示。

⑦"向导"按钮：对选定的文件进行压缩或解压缩的操作指导，它所对应弹出的对话框如图 10-3(g)所示。

⑧"信息"按钮：显示选定文件的相关信息，它所对应弹出的对话框如图 10-3(h)所示。

⑨"修复"按钮：尝试修复压缩文件包中可能存在的文件错误，它所对应弹出的对话框如图 10-3(i)所示。

2）压缩文件

利用 WinRAR 工具软件，既可以对单个文件或文件夹进行压缩，也可以同时对多个文件和文件夹进行压缩。

在 WinRAR 窗口中，同时对多个选定的文件和文件夹进行压缩的操作方法分别如图 10-4(a)～(d)所示。

3）解压缩文件

利用 WinRAR 工具软件，可以对选定的压缩文件进行以下 3 种方式的解压缩操作。

① 对单个压缩文件包进行解压缩。

② 同时对多个压缩文件包进行解压缩。

③ 在打开的压缩文件包窗口中对某个或某些压缩文件进行解压缩。

对选定的单个压缩文件包进行解压缩的操作方法如图 10-5 所示。

注意：同时对多个选定的压缩文件包进行解压缩的操作方法与解压缩单个压缩文件包的方法相似，只是在解压之前，必须按住 Ctrl 键同时单击选中多个压缩文件包。

在打开的压缩文件包窗口中对某个或某些选定的压缩文件进行解压缩的操作方法如图 10-6 所示。

步骤 2　网络下载软件"迅雷"。

"迅雷"是一个多资源、超线程的网络下载工具软件，它具有强大的任务管理功能和较快的下载速度，而且界面的使用操作便捷，是目前使用得较为普遍的下载工具之一。

如果将"迅雷"与计算机杀毒软件配合使用，则能够具有很好的计算机病毒防护功能，可以保证下载文件的安全性。

1）"迅雷"窗口

成功地安装了"迅雷"之后，可以在桌面上或"开始"菜单中的"迅雷软件"程序组中找到"迅雷"图标，运行"迅雷"，将打开"迅雷"窗口，如图 10-7 所示。

142

(a)"添加"对话框

(b)"解压到"对话框

(c)"测试"对话框

(d)"查看"窗口

(e)"删除"提示框

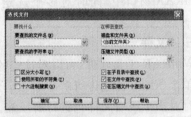

(f)"查找"对话框

(g)"向导"系列对话框

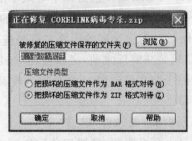

(i)"修复"对话框

(h)"信息"对话框

图 10-3　工具栏上各个功能按钮所对应弹出的对话框或显示窗口

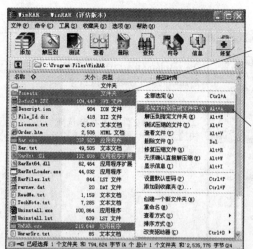

① 在WinRAR窗口中,按住Ctrl键,同时单击选中多个需要压缩的文件和文件夹。

② 在任一选定的文件名上右击,选择快捷菜单中的"添加文件到压缩文件中"命令,弹出"压缩文件名和参数"对话框。

(a) 同时选中多个文件和文件夹及文件压缩相应的快捷菜单命令

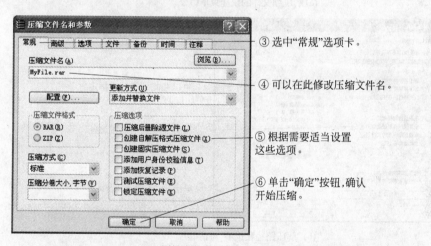

③ 选中"常规"选项卡。

④ 可以在此修改压缩文件名。

⑤ 根据需要适当设置这些选项。

⑥ 单击"确定"按钮,确认开始压缩。

(b) "压缩文件名和参数"对话框

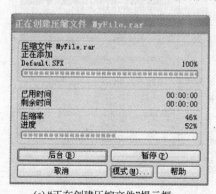

(c) "正在创建压缩文件"提示框

(d) 创建了压缩文件包后的WinRAR窗口

图 10-4　同时压缩多个文件和文件夹的操作过程

常用工具软件的使用

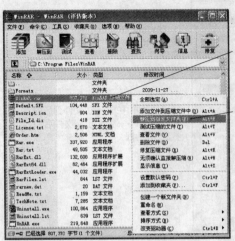

① 在WinRAR窗口中,选中需要解压缩的某个压缩文件包。

② 在选定的文件名上右击,选择快捷菜单中的"解压到指定文件夹"命令,弹出"解压路径和选项"对话框。

(a) 解压缩文件的快捷菜单命令

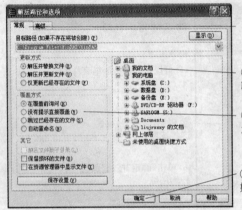

③ 选中"常规"选项卡。

④ 可以在此列表框中指定解压后的目标文件夹。

⑤ 根据需要适当设置这些选项。

⑥ 单击"确定"按钮,确认开始解压缩。

(b) "解压路径和选项"对话框

(c) "正在从WinRAR.rar中解压"提示框

(d) 文件解压缩后的WinRAR窗口

图 10-5　对选定的一个压缩文件包进行解压缩的操作过程

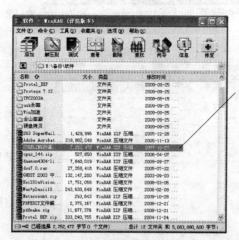

① 在WinRAR窗口中，双击压缩文件包，打开相应的压缩文件包窗口。

(a) 从WinRAR窗口中打开压缩文件包窗口

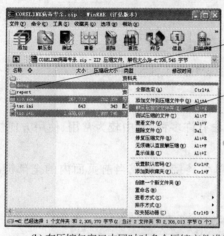

② 在压缩文件包窗口中，按住Ctrl键，单击选中各个需要解压的压缩文件。

③ 在选定的文件名上右击，选择快捷菜单中的"解压到指定文件夹"命令，弹出"解压路径和选项"对话框。

(b) 在压缩包窗口中同时对多个压缩文件进行解压缩的快捷菜单命令

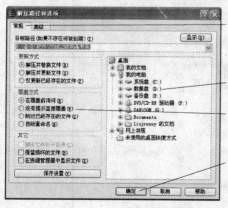

④ 选中"常规"选项卡。

⑤ 可以在此列表框中指定解压后的目标文件夹。

⑥ 根据需要适当设置这些选项。

⑦ 单击"确定"按钮，确认开始解压缩。

(c) "解压路径和选项"对话框

图 10-6 对压缩文件包中的某些文件进行解压缩的操作过程

实训项目十

常用工具软件的使用

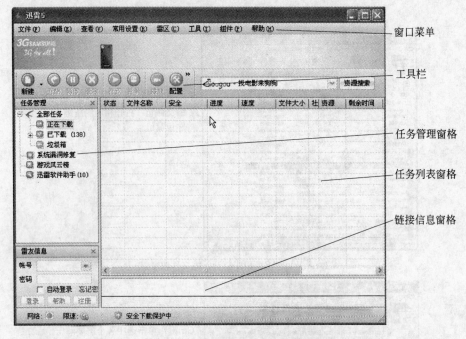

图 10-7 "迅雷"窗口及其基本构成

2)"迅雷"下载方法

在"迅雷"窗口中进行文件下载的方法有许多种,其中较为常用、使用方便快捷的操作方法主要有快捷菜单法和拖放下载法。

(1)快捷菜单法:这种方法适用于单个链接下载或当前页面内的全部链接下载,其操作方法如图 10-8～图 10-11 所示。

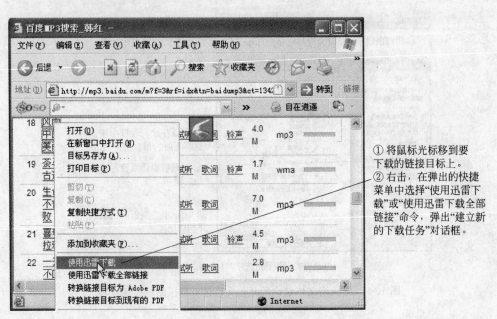

① 将鼠标光标移到要下载的链接目标上。

② 右击,在弹出的快捷菜单中选择"使用迅雷下载"或"使用迅雷下载全部链接"命令,弹出"建立新的下载任务"对话框。

图 10-8 "迅雷"链接目标的快捷菜单

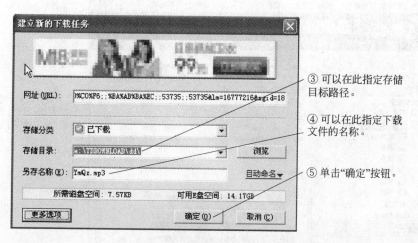

③ 可以在此指定存储
目标路径。

④ 可以在此指定下载
文件的名称。

⑤ 单击"确定"按钮。

图 10-9 "建立新的下载任务"对话框

注意：在"建立新的下载任务"对话框中，"迅雷"默认的"存储目录"是一个指定路径的文件夹，如果想要更改为自己熟悉的文件夹，则可以通过单击"浏览"按钮来设置。

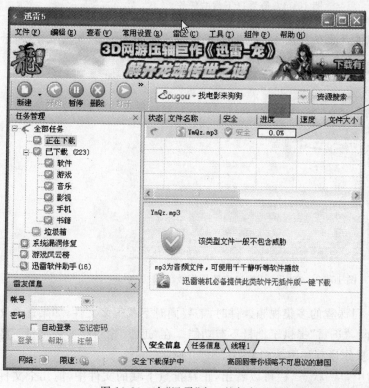

⑥ 此时在"迅雷"窗口的任务列表窗格中可以看到正在下载的文件的相关信息，如：下载"状态"、"文件名称"和下载"进度"等。

图 10-10 在"迅雷"窗口的任务列表窗格中有一个下载任务

常用工具软件的使用

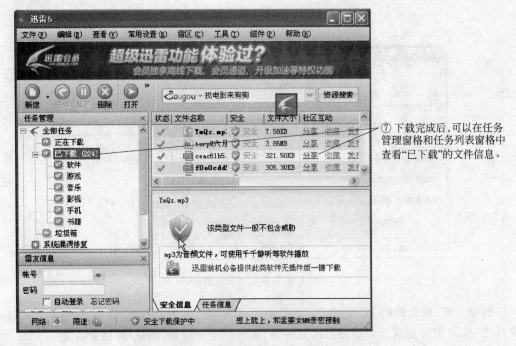

⑦ 下载完成后，可以在任务管理窗格和任务列表窗格中查看"已下载"的文件信息。

图 10-11　查看已下载的任务

（2）拖放下载法：把需要下载的链接直接拖动到"迅雷"的悬浮窗图标上，如图 10-12 所示。

图 10-12　在"迅雷"窗口中使用拖放下载法

有时在网上浏览某一门课程的多集视频课件时，需要同时下载很多文件，如果逐个文件地进行下载，会很浪费时间，"迅雷"提供了批量下载功能。在"迅雷"窗口中实现批量下载视频文件（后缀名为.rm）的操作过程如图 10-13～图 10-20 所示。

注意：在"迅雷"窗口中，从"状态"栏可以看出，正在批量下载的文件中，前几个文件处于下载状态，而后几个文件则处于等待状态。当前面的某个文件下载完毕时，后面处于等待状态中的一个文件即可开始下载。

另外，可以通过"迅雷"的优化连接设置来控制同时下载的线程个数，其操作方法是：在"迅雷"窗口中选择"工具"菜单中的"配置"命令，在弹出的"配置"对话框中，如图 10-21 所示,单击左侧列表框中的"连接"选项,然后对右边"限制"选项区域内的"最多同时进行的任务数"选项进行修改,最后单击"确定"按钮完成设置。

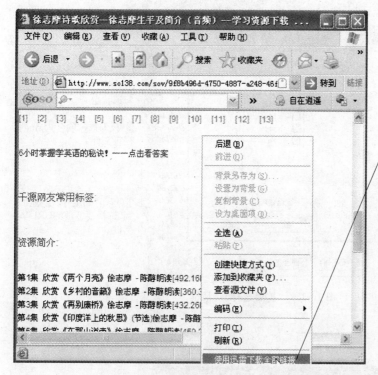

① 右击要下载文件的网页空白处,在弹出的快捷菜单中选择"使用迅雷下载全部链接"命令,弹出"选择要下载的URL"对话框。

图 10-13　下载全部链接的快捷菜单

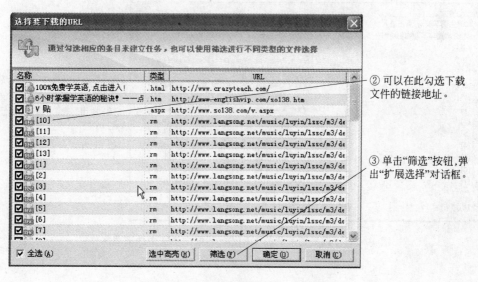

② 可以在此勾选下载文件的链接地址。

③ 单击"筛选"按钮,弹出"扩展选择"对话框。

图 10-14　"选择要下载的 URL"对话框

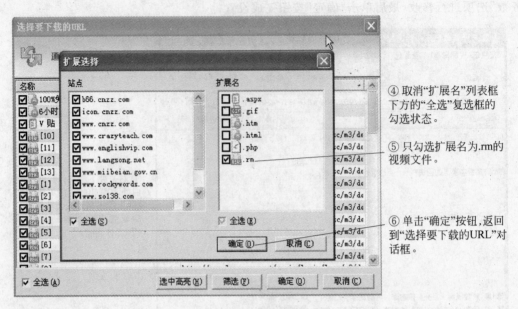

④ 取消"扩展名"列表框下方的"全选"复选框的勾选状态。

⑤ 只勾选扩展名为.rm的视频文件。

⑥ 单击"确定"按钮,返回到"选择要下载的URL"对话框。

图 10-15　"扩展选择"对话框

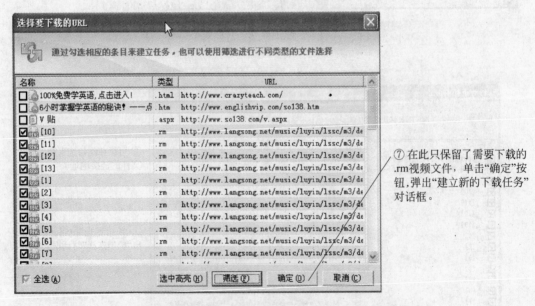

⑦ 在此只保留了需要下载的.rm视频文件,单击"确定"按钮,弹出"建立新的下载任务"对话框。

图 10-16　"选择要下载的 URL"对话框中被选中的下载文件

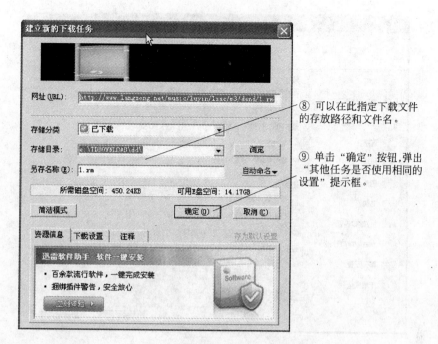

图 10-17 "建立新的下载任务"对话框

⑧ 可以在此指定下载文件的存放路径和文件名。

⑨ 单击"确定"按钮,弹出"其他任务是否使用相同的设置"提示框。

⑩ 单击"是"按钮,弹出"添加任务"提示框。

图 10-18 是否使用相同设置的提示框

⑪ 显示正在添加下载文件的进度条。

图 10-19 添加任务的进度条

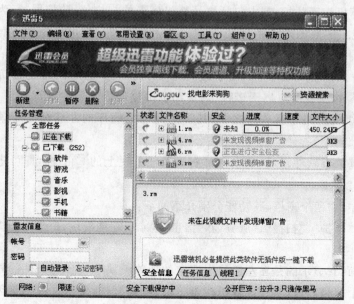

⑫ 添加任务完成后,在"迅雷"窗口中可以看到正在批量下载的文件。

图 10-20 "迅雷"窗口中正在批量下载的文件

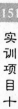

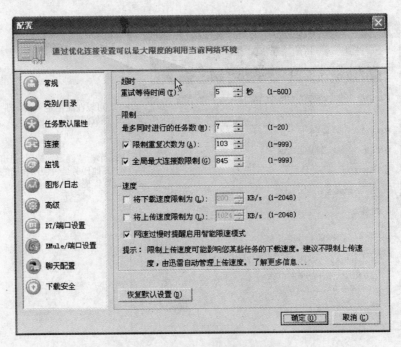

图 10-21 "迅雷"的"配置"对话框

步骤 3 反计算机病毒工具软件 Kaspersky(卡巴斯基)。

卡巴斯基杀毒软件是一款来源于俄罗斯的反计算机病毒工具软件。

卡巴斯基杀毒软件具有超强的中心管理功能以及杀毒彻底和防御能力强等优势,能够真正实现带毒杀毒功能;它具备常驻于 System Tray 的自动监视功能,可以自动监视从磁盘、网络或 E-mail 中开启文件的安全性;它具有鼠标右键快速选单和 LiveUpdate 在线更新病毒码的功能,为任何形式的个体和社团都提供了一个广泛的抗计算机病毒的解决方案;它提供了所有类型的抗计算机病毒防护,其中包括抗计算机病毒的扫描仪、监控器、行为阻断和完全检验等;它支持绝大多数的操作系统、E-mail 通路和防火墙;它可以控制所有可能存在的计算机病毒进入端口;其强大功能和局部灵活性以及网络管理工具,为自动信息搜索、中央安装和计算机病毒防护与控制,提供了最大的便利和最少的时间来建构抗计算机病毒分离墙;它在国内的知名度比肩于诺顿、瑞星和金山毒霸等著名的杀毒软件,是目前世界上极为优秀和顶级的网络杀毒软件之一,其查杀计算机病毒的性能远高于其他同类产品。

成功地安装了卡巴斯基杀毒软件之后,单击屏幕右下角任务栏上的 ⬛ 图标,即可进入卡巴斯基主窗口,如图 10-22 所示。

卡巴斯基主窗口分为左、右两个窗格,其功能分别介绍如下:

左窗格是导航栏,包括"保护"、"扫描"、"服务"和"信息"这 4 个功能模块,每个功能模块又包含了若干个组件。

右窗格是通知面板界面,它显示的是在左窗格中选定的功能模块中包含的组件的相关信息和各种选项。通过这个窗格,可以实现计算机病毒扫描、隔离文件、备份文件和管理许可文件等操作。

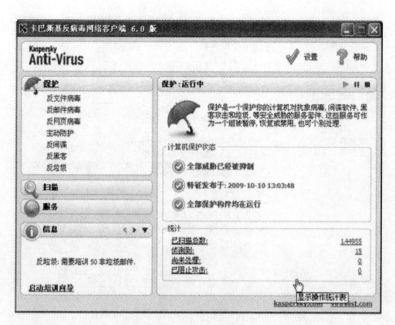

图 10-22　卡巴斯基主窗口

另外,在卡巴斯基主窗口中,单击窗口右上方的 ✓ 设置 按钮,可以分别对各个选中的功能模块进行相应的选项设置。

1)"保护"功能模块

主动防护是卡巴斯基最大的亮点,它会自动分析安装在计算机上的应用程序的行为,监控系统注册表的改变。这些功能模块组件采用启发式分析,能够及时地发现隐蔽性威胁以及各种类型的恶意程序。

单击导航栏中的"保护"功能模块,即可打开"保护"模块,同时列出其所有组件,如图 10-23 所示。

在"保护"功能模块中,卡巴斯基提供了 7 重立体防御体系,能够有效地防御绝大多数类型的安全威胁。其中,"反文件病毒"、"反邮件病毒"等组件是较为传统的计算机病毒防御模块。

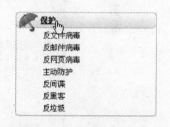

图 10-23　"保护"功能模块及其所有组件

打开了"保护"功能模块后,如果单击主窗口右上方的 ✓ 设置 按钮,将弹出"设置"对话框,可以对"保护"模块进行相应的选项设置,如图 10-24 所示。

在此对话框中,如果单击"常规"选项区域中的"可信区"按钮,将弹出"可信区"对话框,如图 10-25 所示,它可以将一些值得信赖的安全性文件加入到"可信区"中,使得这些文件在打开时不必经过扫描,以减少不必要的时间浪费。

在此对话框中,"恶意程序范畴"选项区域把存在计算机病毒风险的软件程序分为以下3 类:

① 计算机病毒:蠕虫、木马以及 rootkits 程序。

② 间谍软件:广告软件和拨号软件。

154

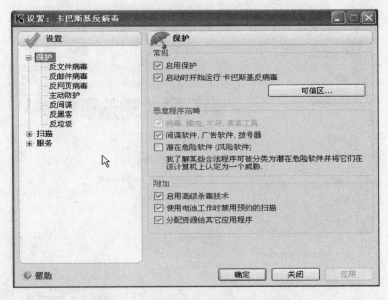

图 10-24 "保护"功能模块的"设置"对话框

图 10-25 "保护"功能模块的"可信区"对话框

③ 潜在的危险软件：远程控制软件和恶作剧程序。

注意：在选择设置这 3 类程序选项时，除了第 1 类是必选之外，第 2 和第 3 类可以根据具体情况自行决定，以尽量减少资源的占用。

2）"扫描"功能模块

"扫描"功能模块包括 3 种扫描方式，即"关键部分"、"我的计算机"和"启动对象"，如图 10-26 所示。

"扫描"功能模块既能够对所有的文件、目录或逻辑分区进行计算机病毒的全面扫描，也

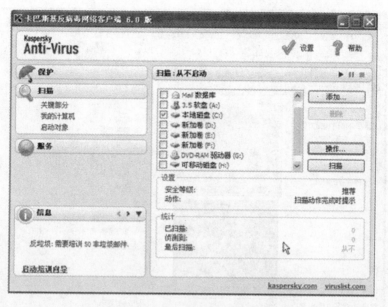

图 10-26　"扫描"功能模块及其设置选项

能够只对操作系统的系统文件夹以及启动对象等关键区域进行单独扫描,这样可以把注意力集中在容易受计算机病毒攻击的主要对象和区域上,极大地节省了扫描时间。

步骤4　图片管理软件 Microsoft Office Picture Manager。

Microsoft Office Picture Manager(简称 PM)是 Microsoft Office 2003 应用软件的组成成员之一,它是可以用来管理、编辑和共享图片的实用工具软件。PM 可以支持和处理多种文件格式,包括最为常见的.jpg、.gif 和.bmp 等文件格式。

启动 PM 软件的操作方法是:选择"开始"→"程序"→Microsoft Office 2003→Microsoft Office 工具→Microsoft Office Picture Manager 命令,如图 10-27 所示。

图 10-27　启动 Microsoft Office Picture Manager 的菜单命令

启动 PM 软件后,打开的 PM 主窗口如图 10-28 所示。

在 PM 主窗口中,由上至下依次为标题栏、菜单栏、工具栏、工作区以及状态栏。其中,工作区的左侧是图片快捷方式窗格,中间是对选定的文件夹中的图片进行各种操作的工作

常用工具软件的使用

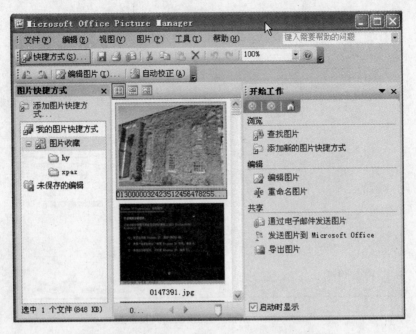

图 10-28　Microsoft Office Picture Manager 主窗口

窗口,右边是工作方式窗格。

1) 图片编辑

双击需要编辑的图片文件,打开 PM 窗口并自动调入图片,如图 10-29 所示。在工作区右边的工作方式窗格中,选择"开始工作"下拉菜单中的"编辑图片"命令。

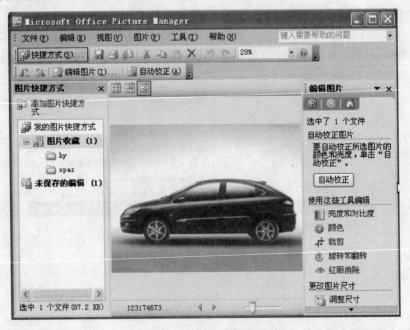

图 10-29　编辑图片界面

在"编辑图片"功能模块中,包含自动校正图片、各种编辑工具和更改图片尺寸这 3 大功能。其中，"自动校正"按钮可以用来对当前调入的图片的颜色和亮度进行自动校正；编辑工具包括手工调整图片的亮度、对比度和颜色，对图片进行裁剪、旋转、翻转和红眼消除等工具；"更改图片尺寸"可以按照指定的选项设置来调整图片的宽度、高度等属性。

例如，如果想对当前的汽车图片进行裁剪，只保留一个前轮，则可以按照如下方法操作。

（1）在"编辑图片"功能模块中，单击 裁剪 工具，此时工作方式窗格的名称变成"裁剪"，同时在图片四周出现了一个四边带有可拖动的控制条的虚框。

（2）分别拖动虚框四边上的控制条，产生如图 10-30 所示的裁剪效果。

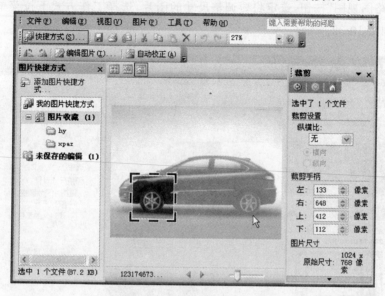

图 10-30　拖动控制条裁剪图片

（3）单击"确定"按钮，完成"裁剪"操作，裁剪后的图片效果如图 10-31 所示。

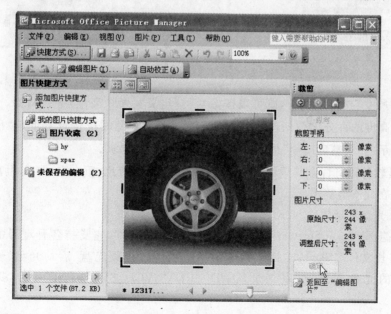

图 10-31　裁剪后的图片效果

注意：在"裁剪"功能模块的"裁剪手柄"选项区域中有 4 个文本框，通过输入数值或单击 按钮，可以按像素分别对图片的四个边进行精确裁剪。

2）调整图片尺寸

在工作区上方，有 3 个可以改变工作窗口视图方式的按钮 ，它们从左到右分别是"缩略图视图"、"幻灯片视图"和"单张图片视图"。其中，"缩略图视图"可以用来同时显示多张图片，并可以对同时选中的多张图片一起进行调整。

单击"缩略图视图"按钮，选定将要调整尺寸的图片，选择工作方式下拉菜单中的"调整尺寸"命令，如图 10-32 所示。

图 10-32　调整尺寸界面

在"调整尺寸"功能模块中，既可以按像素"自定义宽度×高度"进行调整，也可以输入"原始宽度×高度的百分比"进行调整，如图 10-33 所示。此时应注意右下角"尺寸设置摘要"区域中显示的"调整后尺寸"是否符合图片尺寸的调整要求。

PM 工具软件还有许多其他的图片处理功能，如压缩图片、重命名、导出为其他图片格式的文件等，在此不再赘述。

步骤 5　光盘刻录软件 Nero。

Nero 是德国 Ahead Software 公司推出的光盘刻录软件，它支持各种型号的光盘刻录机，支持中文长文件名刻录，支持数据光盘、音频光盘、视频光盘、启动光盘、硬盘备份以及混合模式的光盘刻录，可以刻录从 CD－ROM、VCD、SVCD 到 DVD 等多种类型的光盘。

启动 Nero 时，既可以选择经典的 Nero Burning ROM 界面也可以选择简易的 Nero

图 10-33　输入参数值调整图片尺寸

Express 界面,这两者可以互相转换。使用 Nero Express 界面比较直观、简单,选项较少,适合于初学者使用;而 Nero Burning ROM 界面则比较复杂,选项较多,但功能更为强大。

　　Nero 软件除了 Nero Express 和 Nero Burning ROM 之外,Nero Cover Designer 是一个专门设计 DVD 名片和封面的工具软件,Nero Wave Editor 是一个音频编辑的工具软件,等等。

　　下面以刻录数据光盘为例,介绍 Nero Express 简易界面的使用方法,其操作流程如图 10-34～图 10-41 所示。

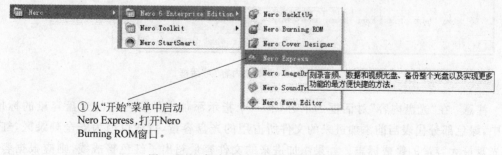

① 从"开始"菜单中启动
Nero Express,打开Nero
Burning ROM窗口。

图 10-34　启动 Nero Express 的菜单命令

常用工具软件的使用

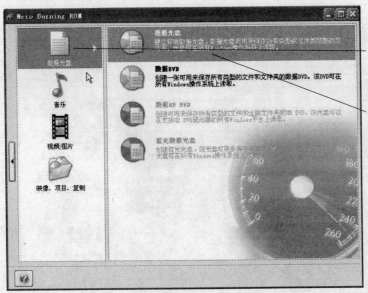

② 在左窗格中选择所要刻录的文件类型。

③ 在右窗格中选择所要刻录的光盘类型,弹出"光盘内容"对话框。

图 10-35　Nero Burning ROM 窗口

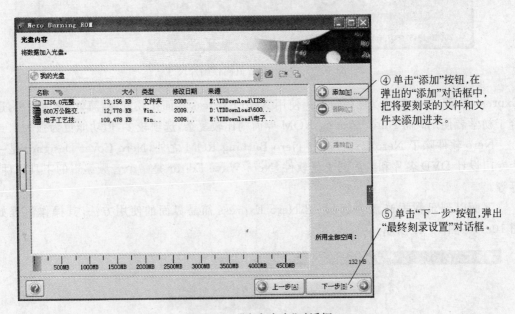

④ 单击"添加"按钮,在弹出的"添加"对话框中,把将要刻录的文件和文件夹添加进来。

⑤ 单击"下一步"按钮,弹出"最终刻录设置"对话框。

图 10-36　"光盘内容"对话框

　　注意:在"光盘内容"对话框的下方,有一个指示添加文件所占用的光盘容量的标尺。其中,绿色部分代表当前添加进来的文件所占用的光盘容量,黄线以内为安全刻录区,红线为光盘最大容量的警戒标志。如果添加进来的文件容量超出了红色警戒线,则应根据容量情况适当删减一些添加文件,否则在刻录光盘时 Nero 将给出相应的提示信息。

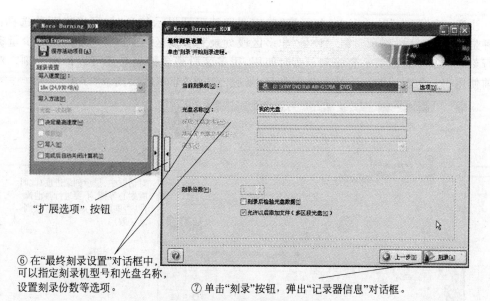

"扩展选项"按钮

⑥ 在"最终刻录设置"对话框中，可以指定刻录机型号和光盘名称，设置刻录份数等选项。

⑦ 单击"刻录"按钮，弹出"记录器信息"对话框。

图 10-37 "最终刻录设置"对话框

注意：在"最终刻录设置"对话框中，如果单击最左侧的"扩展选项"按钮，则可以对更多的选项进行详细设置。

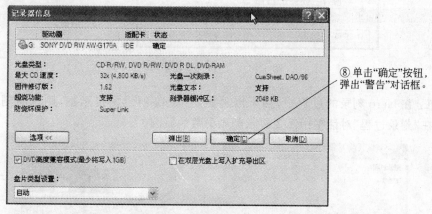

⑧ 单击"确定"按钮，弹出"警告"对话框。

图 10-38 "记录器信息"对话框

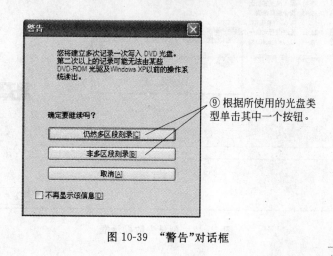

⑨ 根据所使用的光盘类型单击其中一个按钮。

图 10-39 "警告"对话框

　　注意：在"警告"对话框中，在回答"确定要继续吗？"提示信息时，可以有两种选择：第一种是"仍然多区段刻录"，第二种是"非多区段刻录"。"多区段刻录"一般是在对少量资料进行刻录但又不想浪费一整张刻录盘时使用，用多区段刻录的光盘还可以再次续刻。对于目前使用得最为普遍的一次性写入型光盘，则应当选择"非多区段刻录"方式。

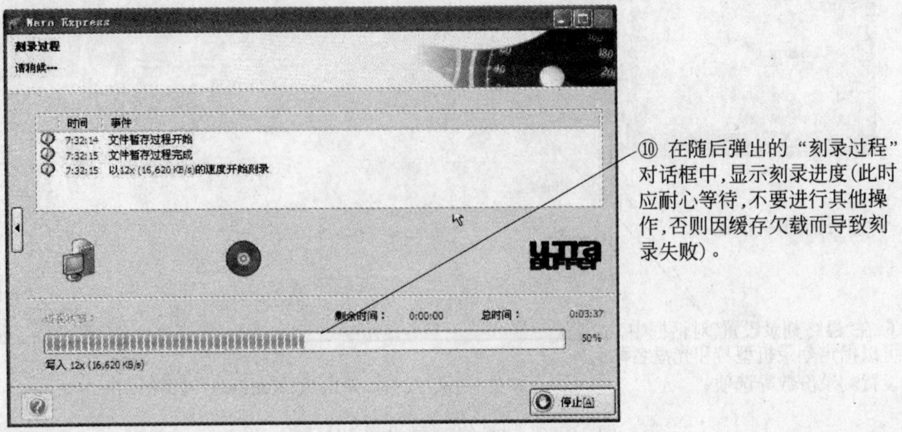

⑩ 在随后弹出的"刻录过程"对话框中，显示刻录进度（此时应耐心等待，不要进行其他操作，否则因缓存欠载而导致刻录失败）。

图 10-40　"刻录过程"对话框

⑪ 刻录完毕，单击"确定"按钮结束。

图 10-41　刻录完毕提示框

　　注意：在 Nero 刻录的过程中，如果出现如图 10-42 所示的提示框，则说明刻录失败，Nero 会在"刻录过程"对话框中简要提示刻录失败的原因。

图 10-42　刻录失败提示框

步骤 6　系统测试软件 CPU-Z。

CPU-Z 是 CPUID 软件开发公司推出的免费测试工具软件,它可以用来对当前正在使用的计算机系统配置(尤其是硬件配置)进行全面的参数测试,并自动地将测试结果分别填写在 CPU-Z 对话框中不同的选项卡上。

利用 CPU-Z 测试软件,可以对 CPU、多级缓存 Cache、主板芯片组、内存、内存条 SPD 参数及当前所安装的操作系统等关键指标进行全面测试,以帮助用户了解所使用的计算机系统的性能。

图 10-43　CPU-Z 启动界面

双击 CPU-Z 的可执行文件(后缀名为 . exe),即可启动 CPU-Z 工具软件,其启动界面如图 10-43 所示。

CPU-Z 启动之后,会弹出 CPU-Z 对话框,该对话框共包含了 6 个选项卡,如图 10-44 所示。

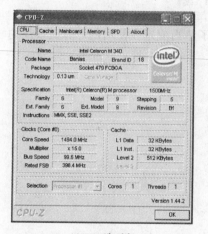

(a) CPU 选项卡

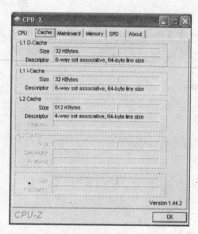

(b) Cache 选项卡

(c) Mainboard 选项卡

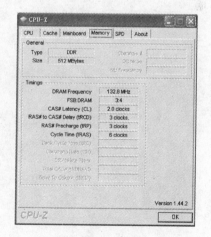

(d) Memory 选项卡

图 10-44　CPU-Z 对话框

实训项目十

常用工具软件的使用

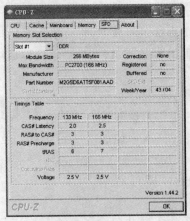

(e) SPD选项卡   (f) About选项卡

图 10-44（续）

通过对这 6 个选项卡进行逐个浏览，即可了解当前正在使用的计算机系统的软、硬件配置情况以及系统的综合性能指标。

参 考 文 献

[1] 岳浩,张春龙.微型计算机系统维护与维修.北京：机械工业出版社,2005.

[2] 匡松,孙耀邦.新编微型计算机组装与维护实用教程.北京：人民邮电出版社,2008.

[3] 卜锡滨.计算机软硬件系统与维护.北京：电子工业出版社,2005.

[4] 王国顺,陈道义.计算机常用工具软件使用教程.北京：高等教育出版社,2004.

[5] 裘正定.计算机硬件技术基础.北京：高等教育出版社,2007.

[6] 谭祖烈.计算机维护与诊断实用教程.北京：清华大学出版社,2005.

[7] 邓志华,王文剑.计算机系统组装与维护技术.北京：中国水利水电出版社,2003.

[8] (韩)李顺远.电脑组装与维修从入门到精通.北京：中国青年出版社,2007.

[9] 宋素萍,秦长海.计算机组装与维护标准教程(2008 版).北京：清华大学出版社,2008.

[10] 孙中胜.微型计算机组装升级与维护教程.北京：高等教育出版社,2006.

[11] 瓮正科.计算机维护技术.北京：清华大学出版社,2006.

[12] 辛再甫,蒙文荣.计算机组装和维修教程与上机实训.北京：中国铁道出版社,2006.

[13] 马汉达.微型计算机组装与系统维护实用教程.北京：人民邮电出版社,2009.

[14] 李冬松.计算机组装与维护教程.北京：机械工业出版社,2005.

[15] 汪文立.活学活用电脑常用软件及常见问题速查手册.北京：清华大学出版社,2007.

相关课程教材推荐

以上教材样书可以免费赠送给授课教师，如果需要，请发电子邮件与我们联系。

教学资源支持

敬爱的教师：

感谢您一直以来对清华版计算机教材的支持和爱护。为了配合本课程的教学需要，本教材配有配套的电子教案(素材)，有需求的教师可以与我们联系，我们将向使用本教材进行教学的教师免费赠送电子教案(素材)，希望有助于教学活动的开展。

相关信息请拨打电话 010-62776969 或发送电子邮件至 liangying@tup.tsinghua.edu.cn 咨询，也可以到清华大学出版社主页(http://www.tup.com.cn 或 http://www.tup.tsinghua.edu.cn)上查询和下载。

如果您在使用本教材的过程中遇到了什么问题，或者有相关教材出版计划，也请您发邮件或来信告诉我们，以便我们更好为您服务。

地址：北京市海淀区双清路学研大厦 A-708　　计算机与信息分社 梁颖　收
邮编：100084　　　　　　　　　　　电子邮件：liangying@tup.tsinghua.edu.cn
电话：010-62770175-4505　　　　　邮购电话：010-62786544